工业自动化 技术丛书

APPLICATIONS AND PRACTICES OF OPEN AUTOMATION SYSTEMS

SYSTEM-LEVEL MODELLING USING IEC 61499 STANDARD

开放自动化系统应用与实战

基于标准建模语言 IEC 61499

戴文斌 庞 程 陈小淙◎著

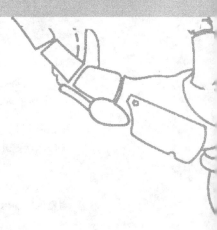

机械工业出版社
CHINA MACHINE PRESS

本书主要介绍了开放自动化系统级建模语言 IEC 61499 的核心机制、定义与设计范式，是作者团队十多年研究成果的总结。全书以 IEC 61499 标准内容为框架，讲解各基本概念、设计范式、工具演示、设计实例。同时，以若干从简单到复杂的工程项目的开发为主要流程，穿插着介绍 IEC 61499 的各知识点。

本书适合从事工业自动化相关领域科研工作或工程设计及开发的专业人士作为参考书，也可作为在校研究生和高年级本科生的学习用书。本书还是上海交通大学、施耐德电气、固高科技、立德机器人的 IEC 61499 指定培训教材。

图书在版编目（CIP）数据

开放自动化系统应用与实战：基于标准建模语言 IEC 61499/戴文斌，庞程，陈小淙著．—北京：机械工业出版社，2021.7（2024.5 重印）
（工业自动化技术丛书）
ISBN 978-7-111-68716-0

Ⅰ．①开…　Ⅱ．①戴…　②庞…　③陈…　Ⅲ．①自动化系统
Ⅳ．①TP27

中国版本图书馆 CIP 数据核字（2021）第 140154 号

机械工业出版社（北京市百万庄大街 22 号　邮政编码 100037）
策划编辑：白文亭　　责任编辑：白文亭
责任校对：张艳霞　　责任印制：单爱军
北京虎彩文化传播有限公司印刷

2024 年 5 月第 1 版·第 5 次印刷
184mm×260mm·12 印张·295 千字
标准书号：ISBN 978-7-111-68716-0
定价：69.00 元

电话服务　　　　　　　　　网络服务
客服电话：010-88361066　　机 工 官 网：www.cmpbook.com
　　　　　010-88379833　　机 工 官 博：weibo.com/cmp1952
　　　　　010-68326294　　金 书 网：www.golden-book.com
封底无防伪标均为盗版　　机工教育服务网：www.cmpedu.com

序　一

　　作为 IEC 61131-3 可编程逻辑控制器标准和 IEC 61499 系列标准前两个版本的项目负责人，我很高兴能够见证本书的出版。本书进一步对 Robert W. Lewis、Valeriy Vyatkin 和 Alois Zoitl 等工业自动化专家在其开拓性著作中讲述的 IEC 61499 标准原理和应用进行了补充说明和更新。此外，本书首次介绍了多个令人兴奋的最新发展，这些成果汇集起来将为现有 IEC 61499 事件驱动分布式自动化系统带来革命性的进步，正如 IEC 61499 当时为 IEC 61131-3 单一控制器编程体系带来的革命性进步那样。

　　这些新发展基于一个共识，即 IEC 61499 标准为系统集成提出了事件驱动的软件封装和重用方法，以此来实现低代码设计这一独特机制尤其适合实现信息技术（IT）与运营技术（OT）的融合。事实上，IEC 61499 标准设定的体系结构向上扩展可以通过封装微服务和人工智能技术成为现代 IT 应用程序，向下延伸可以直达工业物联网中最低级别的 OT 设备。

　　令人倍感欣慰的是，在 Holobloc 公司网站上首次发布多年后，模型-视图-控制器（MVC）设计模式在 IEC 61499 领域中的应用又一次以书籍的形式出版了。

　　最后，我很荣幸能与戴博士在 IEC 61499 标准的维护上合作多年，并协助出版他在 IEC 61499 高级应用方面的诸多成就中的一小部分。我非常期待看到戴博士及其团队在未来取得更大的进步，尤其是出版本书的英译版！

James H. Christensen 博士
IEC 61499 标准委员会首任主席

序　二

本书是上海交通大学戴文斌等所著的国内第一本全面阐述分布式控制系统建模语言 IEC 61499 的技术专著。本书以 IEC 61499 标准内容为框架,按顺序介绍这个国际标准(同时也是中国的国家标准 GB/T 19769—2015)的基本概念、设计范式、工具演示、设计实例;以若干从简单到复杂的工程项目的开发为主要流程,穿插介绍 IEC 61499 的各知识点、工具功能及开发技巧;并专门开辟描述 IEC 61499 的集成开发环境和编程平台工具的章节;还结合工业自动化系统的演进趋势(例如施耐德提出的"扁平化信息驱动架构"),讨论 IEC 61499 与未来技术的协同发展。因此可以说是一本集理念、概念、体系架构、设计范式、实现和具体实施于一体的工程科学技术著作。凡是希望用较短的时间深入了解 IEC 61499 的内涵,并开始进入这一新兴方向的工业自动化和相关专业的工程技术人员、高等学校的教师、研究生和高年级学生,都可以从中获得很多知识、技巧和方法。

为了帮助读者在阅读本书之前对 IEC 61499 有个比较概括的了解,以下我愿意将这个对未来的工业自动化、智能制造和分布式工业控制系统的发展有着积极和重要意义的国际标准的作用做一个概述。

1. IEC 61499 的历史责任

在 1969 年 PLC 问世和 1975 年第一套 DCS 推出之后,经过几年的实践,敏锐且具有前瞻眼光的自动化工程师发现,由于缺乏一种能完整规范控制系统配置和组态的语言标准,也由于控制系统的硬件与软件过于紧密的耦合,不同自动化制造商的产品互不兼容,由此产生了一个难以逾越的巨大壁垒。如果能开发出一种自动化语言,使控制系统的硬件与软件解耦,一定会给最终用户带来各种利益,诸如应用程序的可移植性、系统的互操作性、工厂生产的灵活性,以及可实现自动化控制系统投入现场调试前的验证。

经过几十年的不懈努力,自动化领域的学者和工程师们做了许多工作,产出了不少成果,而这些成果的顶端应该就是国际标准 IEC 61131-3 和 IEC 61499 的发布、推广和在工业实践中的扩展和发展。其中大部分的成果如今已经融合到自动化软件产品和平台中。

尽管有了巨大的进步,但是现状离尽善尽美还有相当大的距离。而要克服这些障碍,最需要做的就是要充分认识到国际标准的应用开发需要市场的推动,并将此付诸实践。为什么这样说?我们不妨回顾一下 IEC 61131-3 和 IEC 61499 推广应用的发展过程。

IEC 61131-3 作为工业控制自动化编程语言的国际标准,从 1993 年发布历经十多年的努力,才逐渐获得全世界工业界的广泛认可和接受。作为 IEC 61131-3 的补充和扩展,IEC 61499 在 2005 年发布,历经十几年的锤炼,目前正进入工业应用发展的启动阶段。这一标准自 2005 年发布至 2014 年这 9 年期间,并没有获得工业界的广泛接受,即使是在学术界做了大量的研究和开发,发表了数量不菲的论文和专著之后,情况也没有大的改观。这当然是因为标准的制定及其实现和实施之间,不可避免会存在一个滞后的开发周期;更重要的原因是技术上的成熟度和市场力量的推动还没有达到足够的火候。这种状况直到近几年才开始发生了大的改变。

进入 21 世纪的第 2 个 10 年之后，工业界对于全开放控制系统的呼吁和诉求也日益强烈，以至于在 2016 年由最终用户倡议并积极组织开展下一代开放自动化系统 OPA 的标准化活动。这一标准化活动的鲜明特色除了充分吸收和继承工业标准的已有成果，以及对一切利益攸关者都持开放态度外，它从一开始就十分注重结合实际的验证工作，其开放流程自动化标准的制定必须经得起测试床的测试和工业装置中试的检验和验证。OPA 的一个目标就是要大幅提升控制设计软件平台，而不再采用目前 DCS 运用的专用的功能块和软件工具。经过反复研究和讨论得出的结论是 IEC 61499 可以达到这个目标。不过当时只有少数工业控制软件实现或部分实现了 IEC 61499 标准。这就使人们有理由怀疑：这个技术成熟吗？有哪些实践能够最大化地实现最终用户的应用程序及组态信息的可移植性？同样在 2016 年，在意大利发起了面向中小型制造业的 Daedalus 项目，该项目积极开拓和尝试将 IEC 61499 分布式智能控制系统用于离散制造。显然这两个项目在未来开放自动化的方向上形成了互补的局面，虽它们各有侧重和所长，但其理论和实践的基础都是 IEC 61499。

随着工业市场对智能制造、工业互联网、分布式系统、开放自动化等的需求日益迫切，IEC 61499 这颗多年来只在学术界才有人重视的明珠，终于引起了工业界的关注。早期 IEC 61499 的开发由于技术上的约束难以广泛采用的局面正逐步好转，随着技术的进展，使得基于 IEC 61499 的软件平台，在原理和实际应用中解决了不同供应商之间软件对硬件的可重构性、互操作性和可移植性的问题，从而为软件与硬件的解耦奠定了基础。同时，通过适当地调配和组合基于时间扫描的机制和基于事件的机制，可以使自动化系统方便地采用来自 IT 领域的最佳实践，易于与企业的管理系统对接。而且为了让传统的 PLC 和 DCS 系统继续在开放自动化系统中发挥作用，相关组织也正在开发与 IEC 61499 兼容的包装软件（Wrappers）。像 OPAF 和 NAMUR 这样的最终用户组织，正在推进改变现有专用的硬件与软件捆绑在一起的控制系统的范式。作为跨国的工业自动化主要供应商之一的施耐德电气热衷于基于 IEC 61499 的开发平台，谋求在开放自动化系统领域重塑工业自动化系统的格局，这一趋势也表明 IEC 61499 的工业应用正在进入关键的发展阶段。

2. IEC61499 的应用现状、前景和潜力

IEC 61131-3 已经为工业界广泛接受，这一现实无可辩驳。不过可能是因为它开发较早，没有反映软件工程之后发展的成果，在概念上没有支持重新配置（Reconfiguration）和分布式控制。IEC 61131-3 的局限性还表现在它的软件模型是面向单个设备的，其顶层就是设备（Device），以今天的视角审视，它缺乏系统的概念。

随着智能制造的发展，未来的自动化系统把可重构性、互操作性、可移植性和分布式作为高层次要求的必要条件。显然，IEC 61131-3 难以满足当今复杂工业系统的新要求。为了克服这些局限，国际电工技术委员会（IEC）从 2000 年启动了开发 IEC 61499 标准的工作，历经多年发布了标准的 4 个部分，但在发布第二版时（因已经出版了不少诠释该标准的技术书籍和论文）撤回了 IEC 61499-3，所以现在只有第 1 部分：分布式和嵌入式控制和自动化的开放架构，第 2 部分：软件工具，第 4 部分：功能块符合要求的行规，基本上用成熟的技术赋能各个领域的智能自动化。据悉，主要作为系统级的建模规范的 IEC 61499-5 正在准备中。

关于 IEC 61499 的开放架构，以下描述精辟而概括："IEC 61499 基于工程师熟悉的框图，将功能块（FB）从 IEC 61131-3 中的子程序结构扩展到分布式计算系统中的功能单位，通常作为系统级可执行建模语言使用。其核心是事件触发的功能块网络，功能块为逻辑代码提供统一接口封装，功能块之间通过事件和数据接口相互连接。"

IEC 61499 具有以下主要特性。

- 建立在现有的领域标准的基础上。
- 现代的事件驱动、面向对象的开发语言。
- 硬件抽象。
- 通过连接功能块以图形化的方式对控制算法进行建模。
- 直接支持分布式系统的实时通信。
- 不同供应商的设备可互操作。
- 自动管理资源之间低层级可变化绑定。
- 基本支持重新组态。

IEC 61499 第一个工业实现是 ISAGRAF，但它并不是这一国际标准的全面实现。它没有实现 IEC 61499 的全部规范，而是由于市场驱动的原因，在实现 IEC 61499 标准时采取了有选择的优先目标，将主要的注意力集中在扩展其工具链的系统级工程能力，而不是达到较低级别的代码的移植性（通过运用 XML 作为程序的表达）。因此，这一工具链在对大型复杂的应用程序进行分布式部署时具有显著的能力，但语法及其表达却是专用的，并不能在此级别与其他的 IEC 61499 工具软件兼容。与传统的 IEC 61131-3 运行环境兼容也影响了 ISA-GRAF，它决定采用时间执行模型，而不是采用 IEC 61499 标准的事件驱动的执行模型。

自发布之后的 2005~2014 年这 9 年期间，这一标准并没有获得工业界的广泛接受。比较多的意见集中在 IEC 61499 的几个目标上，例如可移植性、可重构性和自动化系统的互操作性并没有被完全证实，这其中看来确实存在若干误解。值得钦佩的是，在较为艰难的发展过程中，IEC 61499 标准制定的牵头人（也是 IEC 61131-3 国际工业控制编程语言标准制定的主导人员）James H. Christensen 创立了 Holobloc 公司，无偿提供 IEC 61499 的开发包；还有 Eclipse 基金会的 4DIAC 开源项目，培育了对 IEC 61499 进一步的开发应用。在奥地利注册的 NXTcontrol 公司坚持了十几年，在 4DIAC 开源的基础上为 IEC 61499 的应用开发平台和产业化做了不少有效的工作，该公司 2009 年就与三菱电机的德国分支合作，在三菱的 PLC 中装载了基于 IEC 61499 的软件。他们在欧美工业市场应用上辛勤耕耘，给埃克森美孚的有关技术管理人员留下了深刻印象。他们还吸引了施耐德电气的眼光，后者在 2017 年收购了这家很有潜力的小公司。

据分析，施耐德电气之所以青睐 NXTcontrol 是因为他们在 IEC 61499 实际的工业应用领域积累了许多经验。为了开发基于 IEC 61499 的软件产品，他们接触到了这一标准的长处、短处和不能容忍的问题，也有了相应的解决方案。NXTControl 面对的客户主要是 OEM 和集成商，他们在楼宇自动化及能源管理领域有很多的应用案例。而施耐德电气在 2016 年发布了有远见的自动化组态工具 Prometheus，这一工程平台软件的功能与 NXTcontrol 的产品十分相似。将这两个软件整合，即创建出了一种使软件独立于硬件的工程平台，这或许是其主要的价值所在。如今施耐德电气已正式推出了 EAE（EcoStruxure Automation Expert），开启了较为广泛的 IEC 61499 的工业应用。

2020 年，美国的 CPLANE. ai 公司和埃克森美孚合作开展了开放流程自动化系统的自动编排试验项目，其中试验装置模拟了一个化学混合和加热过程，涉及几个装置：反应罐批处理装置、热交换器、产品存储罐和一个冷水机；控制系统基础设施包括 14 个单独的计算设备，其中 13 个是 DCN 分布式控制节点，另一个是单独的 ACP 高级计算平台。DCN 运行工业过程的控制回路，而 ACP 内装有人机界面（HMI）应用程序以及施耐德电气的 IEC 61499 工程设计工具 EAE。这些计算设备是由不同微处理器（英特尔 X86 和 ARM）的异构组合，它们具有不同制造商提供的不同配置的 RAM 和存储空间。将这些设备安排在两个不同地域，大约一半的计算设备在纽约，另一半在加利福尼亚，以表示真正的分布式拓扑。试验的目标是通过 CPLANE. ai 的 Industrial Orchestrator 正确自动安装和部署模拟化工厂控制系统所需的所有软件。试验得到了相当满意的结果，在大约 10 min 内完成了"启动阶段"操作，工程效率之高实在超乎想象。因为按照以往的经验，手动安装一个类似的系统通常需要 2~3 名工程师花费几天或一周的时间。

通过采用现有的 OPAF 标准和一些现有的自动化产品，并用最先进的云编排技术予以集成组合，证明这些技术有足够的能力部署和管理开放流程自动化控制系统，包括从初始设计到整合分布在不同地域的多个目标控制器硬件，以至于有专家评论说，这是最接近完成开放流程自动化目标的成功试验。

以上描述的 IEC 61499 近些年的实际进展，给予关注和从事这个方向的科学家和工程师巨大的鼓舞。那么，IEC 61499 还能怎么向前发展和扩充？下面谈谈我个人的意见。

IEC 61499 定义了分布式信息和控制的高级系统设计和建模的语言。运用 IEC 61499 可以对诸如以下的多种应用加以封装：功能性，基于图形组件的设计，事件驱动的执行，跨多个自动化和控制任务执行的分布式自动化应用程序，以及边缘计算设备等。通过创建多方位的利益格局促使 IT/OT 系统的融合，改善软件应用的投资回报率（这是源于软件的，可不依赖于硬件平台运行），以及从根本上缩短新产品上市时间的工程设计技术。

IEC 61499 可加速促进 IT/OT 系统融合的原因在于：①IEC 61499 的思维方式和工作流程与 IT 一致。在解决问题的工作和思维方式上，IT 采用自顶向下的方法，惯于从总体需求出发，然后划分为若干的子部件，且针对子部件提出和开发解决方案。这种解决问题的思路，不仅能了解问题的所在，而且也很好地给出了解决问题的方法。②IEC 61499 不定义构成其功能块的编程语言以及分布式模块之间的通信协议，编程语言和通信协议可以自由选择，其开放性达到了目前 IT 界开放性的高度。因此，目前 OT 领域与 IT 领域的多种编程语言和通信协议都可以通过统一的模块和接口描述无缝对接，从而满足 OT 与 IT 融合的新型边缘计算的工程应用。③近年来在工业自动化领域出现的一个重要趋势是，OT 产品和从业公司都会主动考虑用户对 IT 系统的需求，并且提出 OT 与 IT 整合一致、相互融合的解决方案。IEC 61499 是满足这一趋势的基础标准和正确起点。

此外，IEC 61499 可以为智能制造工程提供灵活性和敏捷性。IEC 61499 采用事件驱动的执行模型，使分布式的控制逻辑得以实现，在执行过程中，通信是自动构建的，不需要专门处理。符合 IEC 61499 的软件工具通过配置、编程和数据管理的集成手段和工具，将工程设计的成本大大降低。这表现为系统的所有功能（包括控制、信息处理、通信和过程接口）现在有可能不依赖于特定的硬件和操作系统，也就是将应用程序与硬件和操作系统解耦，这将改变多年来控制硬件与软件一直紧紧捆绑在一起的状态。软硬件捆绑有可能导致软件升级时相应的部分或者全部硬件也不得不更换。运用 IEC 61499 的机理，当控制系统需要升级的时候，软件和硬件的成本很低，而效率却很高。这种高级别的灵活性和敏捷性为智能制造的工程提供了基础。

开发基于 IEC 61499 的集成开发环境是推广和实践的重要抓手。开发出基于 IEC 61499 的集成开发环境后，使用一个软件工具就可以为所有的控制任务提供解决方案。通信的路径是自动生成的，面向对象的工程设计可以通过预先设计好的软件对象功能块来完成。编程语言与 IEC 61499 和成熟的 IEC 61131-3 标准完全一致。这意味着工程软件工具可在现有的已经安装的基础上将新的产品与老的设备加以集成。

我还愿意指出，IEC 61499 最有潜力的重要属性是它属于一类可执行的系统级建模语言，这主要是因为符合 IEC 61499 规范的应用程序本身可以按基于模型的系统工程 MBSE 建立，不必再通过模型的转换就可以直接部署执行。这无疑比旨在建立"工业自动化的联合国"的 OPC UA，通过 OPC 的信息模型与各种类别的自动化场景结合的伙伴信息模型（或称配套信息模型）来实现 MBSE 来得直接和简洁。

在结束本篇序言时，我郑重地呼吁：从现在起到未来的 5~10 年间，工业自动化格局一定会发生很大的变化。其中 IEC 61499 潜在的巨大影响绝不能低估。考虑到相当多的国外公司还处在观望或刚起步的阶段，这对于国产自动化工程软件应该是一个难得的机遇。我国从事工业自动化专业的工程技术人员和学者应该毫不犹豫地抓住这个难得的机遇。

运用 IEC 61499 开发控制工程的软件平台的技术在我国还刚刚兴起。上海交通大学自动化系的团队长期耕耘于这一方向，取得了很好的科研成果；上海某科技公司已经能够提供基于 IEC 61131-3+IEC 61499+HMI 的运行时（runtime）环境……只要在产业化的方向上进一步努力积累，找到具体落实的举措，我国工业自动化领域出现具有发展前途、又有自主知识产权的工程软件平台指日可待，而各个细分行业的管控一体化标准体系也都是很有发展前途的应用场景，非常适合结合行业的需求，运用基于 IEC 61131-3 和 IEC 61499 的集成开发环境和平台软件。

彭　瑜

PLCOpen 中国区名誉主席、教授级高工

2021 年 5 月 30 日

序　三

工业的未来是无限广阔的开放天地

随着数字化的加速推进，数字经济与实体经济深度融合，技术创新和工业互联网彻底改变了整个世界的运作方式。同时，新冠疫情及其对全球经济带来的影响，已为工业企业敲响"警钟"：自动化和数字化升级早已成为必然，刻不容缓。

随着 IT 技术不断融入 OT 技术之中，设备与设备、设备与产线、产线与产线、产线与工厂之间的互联、互通、互操作就显得比以往任何时期更为重要。然而，相比日新月异的 IT 领域，工业自动化领域的开放明显要"落后"很多。至今，自动化的产品还不能像 IT 产品那样做到即插即用，不同供应商的控制器之间尚不能互相通用，各控制器的编程代码也不能复用。现阶段，万国设备和多种封闭的专有自动化平台协议使工业自动化裹足不前，无法充分发挥数字技术的全部潜力，需要有真正的开放式自动化系统来支持便于移植的应用软件，全面支持数字创新。

这些"不够开放"的自动化既有自动化技术发展的历史原因，也源自各大厂商的封闭心态。

现在正是工业自动化领域大胆开拓的大好时机。我们将这一趋势称为开放自动化，它将彻底改变自动化的运营方式。开放自动化的大面积部署将掀起一股汹涌的创新浪潮，并开创自定义自动化的新时代。在这个时代，最终用户将彻底摆脱不同厂商硬件间的壁垒，借助互操作、可移植、"即插即用"的应用软件来自由组合各领域的最佳组件，实现性价比的充分优化。可以想象，一旦在工业领域实现了开放自动化，无论在成本控制、生产效率、业务价值还是投资回报上，都会有无限可能。

一成不变的工业自动化系统难以满足数字化时代对开放、互联互通以及效率的需求，工业自动化的变革已箭在弦上。

自第一次工业革命以来，工业的发展推动着人类社会以前所未有的速度前进。作为一个全新领域，开放自动化的发展、壮大离不开合作伙伴相互协作与生态系统的构建、扩展。我们必须意识到，在数字化时代，没有一家企业能够独自面对所有的挑战。企业需要协同产业链上下游，携手合作伙伴，在健康、开放的生态系统中彼此协作。

施耐德电气愿与合作伙伴一道，凭借数字化技术、灵活敏捷的业务形式以及更加"开放"的态度，推动工业与现代世界更加契合、协作，集"产业与技术"之力加速开放自动化的成长，与合作伙伴携手，共同迈入未来工业。

本书沉淀了作者十多年来在开放自动化领域的探索，让我们一起审视书中所展现的开放自动化前景，抓住新一轮变革机遇。

庞邢健

施耐德电气高级副总裁，工业自动化业务中国区负责人

2021 年 6 月 1 日

前　　言

20 世纪 70 年代，可编程逻辑控制器的诞生促使工业进入 3.0 时代，制造过程自动化程度得到大幅度提升。过去 10 年，随着计算机与信息技术的高速发展，工业数字化得以迅速普及。工业软件是企业生产过程实现自动化与信息化的关键，涉及设计、编程、工艺、控制、监控、通信、管理等所有环节。工业软件往往需要根据过程控制、运动控制、离散制造等不同行业的工艺需求进行定制，以提升企业生产效率、优化配置资源以及提升产品的质量。现有工业系统内各种语言共存，例如 C/C++语言、IEC 61131-3 所包含的 5 种 PLC 编程语言，各种 .NET/HTML5/JavaScript 等人机界面编程语言，甚至使用 Python 作为嵌入式机器学习等。除此之外，设备与设备之间的信息通信也不畅，单控制器与传感器之间所使用的工业互联网总线就有二十余种。最后，可视化的模型同样也是必不可少的。可视化建模语言能够给用户提供直观的系统设计，特别是对高复杂性的系统，抽象化模型可以提升系统设计的效率。

IEC 61499 的出现为以上挑战给出了可行的技术路径。作为可执行的建模语言，IEC 61499 标准提供了统一的功能块接口定义、分等级的功能块网络、部署模型以及管理协议，为模块化抽象系统设计提供了强有力的支持。每个 IEC 61499 功能块可以定义多个逻辑，IEC 61499 标准并未指定编程语言，因此这些语言编写的功能块都能封装到模块中。IEC 61499 标准同时也提供了复合功能块类型，使得结构化分层级的封装编排有了用武之地。IEC 61499 标准的部署模型允许在同一个系统内设置多个并行的应用，并且多个应用可以分别运行在不同的设备上，而每个应用中的功能块网络也可以分别部署到不同的设备上。此部署模型将复杂的设备间数据交互抽象化，通过管理协议自动部署，可以大幅度提升系统开发的效率。

本书是基于 2012 年发布的 IEC 61499 标准第二版，结合几位作者多年的教学和实践经验总结而来。本书在编写过程中根据我国读者的阅读习惯与初学者的学习路径对标准内容介绍的次序做出了相应的调整。

本书以 IEC 61499 标准内容为框架，从 IEC 61499 的发展历史开始，按顺序介绍了 IEC 61499 标准的核心机制及体系架构、各类型功能块定义与基本概念、开发技巧及设计范式、扩展功能以及开发工具等内容。本书通过若干实例来讲解 IEC 61499 的各个知识点，帮助读者快速掌握 IEC 61499 核心概念。

在此特别感谢 IEC 61499 标准委员会首任主席 James H. Christensen 博士、PLCOpen 中国区名誉主席、教授级高工彭瑜，以及施耐德电气高级副总裁庞邢健先生为本书作序（Christensen 博士所写的序为英文，序一为其中文译文）。

本书是上海交通大学、施耐德电气、固高科技、立德机器人、固润科技、派动智能、茵塞普科技、abostudio 等公司的 IEC 61499 指定培训教材。

作　者
2021 年 6 月

目　　录

第1章 概　　述

IEC 61499 标准自第一版发布至今已走过十几个年头。本章将回顾工业自动化控制软件的发展阶段，对 IEC 61499 标准的来龙去脉进行一次系统性的梳理，一起回顾和展望 IEC 61499 标准的过去、现在和未来，并阐明 IEC 61499 与 IEC 61131-3 两者间的关联与区别。

1.1　工业自动化控制软件发展历史

国际自动化学会（International Society of Automation，ISA）于 1995 年发布了用于企业系统与控制系统集成的国际标准 ISA-95，为工业自动化系统提供了统一的参考架构。经过 20 余年的发展，目前几乎所有工业自动化系统都遵循此标准。如图 1-1 所示，ISA-95 标准完整地定义了一套从各类底层传感器和执行器等工业现场设备，一直到顶层企业资源规划系统（Enterprise Resource Planning，ERP）的五层金字塔架构。在其中的控制层，工业自动化系统通常采用可编程逻辑控制器（Programmable Logic Controller，PLC）或者分布式控制系统（Distributed Control System，DCS）作为底层和顶层间的桥梁。一方面，PLC 以及 DCS 通过工业现场总线与传感器和执行器连接，形成从传感器数据、控制逻辑到执行器指令的闭环运行机制；另一方面，PLC 和 DCS 也与上层数据采集与监控系统相连，从而将现场状态实时反馈给在场人员，以便他们进行快速故障诊断。PLC 主要应用于机器设备的实时控制和运动控制等领域，而 DCS 则主要应用在复杂过程控制中。目前，PLC 与 DCS 的边界已经越来越模糊，PLC 具备了分布式控制能力，而 DCS 也可以将 PLC 作为控制节点。

国际电工委员会（International Electrotechnical Commission，IEC）于 1993 年发布了 IEC 61131-3 国际标准，为 PLC 定义了两种文本编程语言与三种图形编程语言。其中，结构化文本（Structured Text，ST）和指令列表（Instruction List，IL）用于文本编程，梯形图（Ladder Diagram，LD）、功能流程图（Sequential Function Chart，SFC）和功能块图（Function Block Diagram，FBD）用于图形化编程。IEC 61131-3 标准也经历了不断的修订，特别是在 2013 年发布的更新中增加了面向对象编程等特性。另一方面，1992 年诞生的 PLCOpen 组织也在积极地推动 IEC 61131-3 标准的发展，该组织发布了包括运动控制、安全、可扩展标记语言（eXtensible Markup Language，XML）文件格式和 OPC UA 兼容等在内的一系列扩展内容，旨在改进 PLC 的编程方法，提高其效率与开放性。

在过去的 20 多年间，兼容 IEC 61131-3 标准的 PLC 等设备已被工业自动化系统广泛采用。然而，基于 IEC 61131-3 标准的 PLC 面对现代大型分布式自动化系统存在以下几个痛点。

- 首先，各大厂商对 IEC 61131-3 的理解不同，造成虽然各大平台都兼容 IEC 61131-3 标准但相互之间无法兼容，例如在一个项目内已经部署西门子的 PLC，那么其他品牌

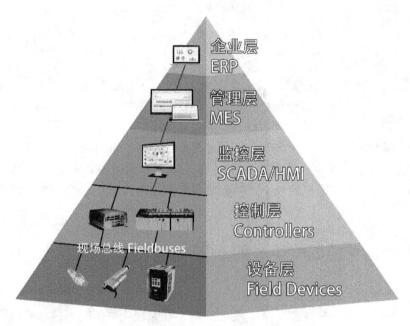

图 1-1　ISA-95 企业系统与控制系统集成架构

的 PLC 很难再被采用，现有的西门子 PLC 代码无法快速移植到其他平台。

- 其次，IEC 61131-3 的顶层软件模型为单台设备，对多设备间的交互以及系统级设计并无涉及，因此将 IEC 61131-3 用于大型控制系统的设计往往效率低下。
- 最后，基于 IEC 61131-3 的 PLC 缺乏动态重构能力，虽然多数现有 PLC 可以实现在线程序修改，但在应对结构性更改时仍需停机并重新部署整套程序。

为了解决以上问题，IEC 61499 标准应运而生。

1.2　IEC 61499 标准的由来及简介

在 2005 年，国际电工委员会发布了利用功能块（Function Block）软件模型描述分布式工业过程测量和控制系统（Industrial Process Measurement and Control System, IPMCS）行为的 IEC 61499 国际标准。该标准共分成 4 个部分：IEC 61499-1 结构、IEC 61499-2 软件工具需求、IEC 61499-3 指导信息（后于 2008 年撤回）以及 IEC 61499-4 一致性行规指南。经过 7 年的实践与验证，IEC/SC 65B/WG15 标准工作组对第一版标准中的内容进行澄清与修订，并于 2012 年发布 IEC 61499 标准的第二版。新版 IEC 61499 标准共分为 3 个部分，其中：

- IEC 61499-1 定义了标准化的分布式模型构架，涵盖底层功能块模型与接口的定义，以及支持分布式自动化应用所需的一整套资源模型、设备模型、系统配置模型、部署模型和管理模型。
- IEC 61499-2 对 IEC 61499 应用开发软件所需具备的各项功能进行规范，包括基于 XML 的文件交换格式、功能块网络（Function Block Network）的图形化方法等细则。
- IEC 61499-4 为不同厂商的 IEC 61499 系统、设备以及软件工具定义相关兼容性规则。

在我国，TC 124标准工作组于2015年完成IEC 61499标准的采标后，将其以GB/T 19769系列作为国标发布。目前，IEC 61499标准制定工作组正在对标准做进一步的改进，将于未来两年推出第三版。

如图1-2所示，基于IEC 61499标准的架构提供了分布式工业自动化系统的模块化设计和开发解决方案，旨在支撑分布式应用程序的高复用性、可移植性、可重构性以及互操作性四大特征。

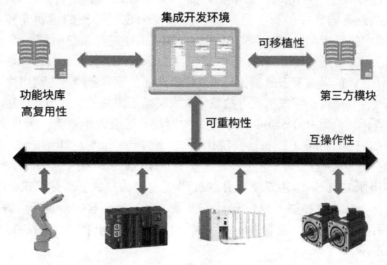

图1-2　IEC 61499标准四大特征

在高复用性方面，IEC 61499标准的核心是事件驱动的功能块。每个功能块内可以封装不同编程语言编写的控制逻辑、图形化人机界面以及数据采集分析等功能，这些语言可以是梯形图、结构化文本等IEC 61131-3标准编程语言，也可以是C++、Java、Python等高级编程语言。这些功能块可以通过事件以及数据连接构建起完整的功能块网络，并可以部署到包括嵌入式设备、传感器、控制器、电机、触摸屏和工业电脑等各种设备上。统一的接口设计、不受限的编程语言等特性使得IEC 61499功能块拥有较高的复用性。在可移植性方面，IEC 61499-2标准定义了完整的XML文件格式，这使得所有遵从IEC 61499标准的软件工具所开发的功能块都可以相互兼容，这消除了开源软件与商业软件之间的移植壁垒，让不同平台的IEC 61499设备都可以使用任意IEC 61499集成开发环境所创建的应用。在可重构性方面，IEC 61499标准制定了完整的管理模型以及基于XML的管理命令，可以对任意功能块类型与实例、事件与数据连接等元素进行动态创建、删除与修改。基于此机制，支持IEC 61499标准的运行时环境可以在不影响系统正常运行的前提下动态重构代码，使得软件功能的即插即用与任务的动态分配成为可能。最后在互操作性上，IEC 61499标准的部署模型将每个功能块实例映射到不同的设备资源上，实现分布式一键部署。多个设备间通过事件发布与订阅机制进行实时信息交互，从而让来自不同厂商的产品也能相互协同完成分布式任务。

IEC 61499标准带来的高复用性、可移植性、可重构性与可互操作性在满足分布式工业控制系统的核心需求的同时，也极大地提升了分布式系统的设计、开发、部署与测试的效率，进而大幅度降低了软件的开发成本。

1.3 IEC 61499 标准与 IEC 61131-3 标准的主要区别

在过去，IEC 61499 标准曾被认为是 IEC 61131-3 标准的后继替代品，然而经过 10 余年的交错发展，两个标准的当前关系更多是互补而非简单替代。IEC 61131-3 标准专注于带有单个处理器或几个紧密耦合的多处理器小型 PLC 的编程语言标准化，并为此定义了针对单台控制设备的软件模型，但是却缺乏对整个控制系统的建模支持。作为补充，IEC 61499 标准中的系统配置模型涵盖了一个分布式工业控制系统所需的控制、通信和部署等完整信息。另一方面，IEC 61131-3 标准定义的是编程语言，而 IEC 61499 标准定义的是系统级建模语言；前者侧重于通过代码实现逻辑功能，而后者则首先利用规则定义结构中每个组件的语义，并通过文字或图形等抽象化方式表述系统的架构。因此，IEC 61131-3 标准定义的是编程语言，而 IEC 61499 标准定义的则是系统级建模语言。另外，相较于统一建模语言（Unified Modeling Language，UML），IEC 61499 标准在详细的语法规范外还对功能块网络的执行语义做出详细定义，因此基于 IEC 61499 标准开发的应用能够直接部署并执行，而不用像 UML 一样还需要额外的代码生成步骤。综上所述，IEC 61499 标准提出了一种针对分布式工业控制系统的设计、开发、测试和部署的所见即所得一体化方案，因此也被称作面向分布式工业控制系统的可执行系统级建模语言（System-Level Executable Modeling Language）。

在基于 IEC 61131-3 标准的工业控制系统开发过程中，软件与硬件一般是强绑定关系，当选定硬件平台后才能开始软件开发。与此相反，IEC 61499 标准提供的功能块网络模型则是完全独立于硬件的软件模型，即开发者可以在硬件尚未选型的情况下先开发软件；当硬件与网络拓扑定型之后，只需要将功能块实例一一映射到相应的硬件上即可实现软硬件的绑定。这种松散耦合的方式使得 IEC 61499 标准中软硬件完全解耦，当需要调整任务分配时，只需将相应的功能块映射到其他硬件资源上即可完成部署方案，而无需对代码做任何修改。另外，与基于 IEC 61131-3 标准的 PLC 需要通过频繁更改代码来实现任务的重新分配不同，基于 IEC 61499 标准的控制系统可以根据现场设备的实时状态而动态地重构代码与配置，这为实现自主智能的生产系统提供了强有力的支撑。在执行层面上，基于 IEC 61131-3 标准的 PLC 遵循轮询（Cyclic-Scan）机制，即不断重复读取输入变量、运算逻辑、更新输出变量这一循环。虽然在 IEC 61131-3 标准中也可以设定中断任务，但整体仍然是基于循环扫描这一执行规则。IEC 61499 标准则以事件驱动机制（Event-Driven）作为核心，即功能块只有在被事件触发时才会被执行。基于事件触发的执行机制让功能块在大多数时间都处于闲置状态，这样可以有效地降低计算资源的占用率，因此相较于 IEC 61131-3 而言，同一控制程序在 IEC 61499 运行环境中的 CPU 占用率都较低。

IEC 61499 标准在 IEC 61131-3 标准所提供的编程语言基础上，进一步提供了系统级统一建模语言、软硬件解耦的开发模式以及事件触发的执行机制，这些创新特性为新一代的 PLC 和 DCS 系统提供了更为高效与灵活的设计和开发模式。

1.4 面向运营技术与信息技术融合的 IEC 61499 标准

美国 ARC 顾问集团在《开放自动化之路》报告中指出，基于 IEC 61499 标准的开放自动化是定义和管理控制系统配置的关键软件技术。IEC 61499 标准能够让开源和商业产品协同发挥作用，通过消除厂商的技术锁定来打开自动化创新的大门并节省宝贵的工程时间，从而每年可为工业领域节省 300 亿美元。施耐德电气也在其关于 IEC 61499 的白皮书中指出，IEC 61499 标准是运营技术（Operation Technology，OT）与信息技术（Information Technology，IT）融合的重要基础，基于 IEC 61499 标准的新应用是开启工业 4.0 时代的重要一环。

从长远发展来看，工业互联网与边缘计算也同样需要统一的系统级建模语言。工业边缘 APP 种类繁多，除了传统的实时控制、运动控制、现场总线通信和人机界面等功能外，还融合了数据采集与处理、机器视觉、生产管理和运营维护等创新型应用。显而易见，传统工业软件的开发方式无法满足工业边缘计算应用所需的轻量、灵活与协作特性。在工业互联网与边缘计算结合下，工业自动化系统正步入一个全新的时代。无论是侧重于 OT 或是 IT 的工业边缘 APP，面向异构平台都需要利用多种编程语言进行混合设计，从而支持多种硬件平台并整合多种通信协议，因此一个核心问题是如何实现现有 OT、IT 以及通信技术的无缝融合。IEC 61499 标准的模块化封装、软硬件解耦和抽象化建模等特性使其能够成为工业互联网与边缘计算的标准建模语言，从而实现高效的工业边缘 APP 开发、部署与交易。另一方面，当应用扩大到物联网范围时，基于 IEC 61499 标准的流程编排也能比基于 Node-RED 的解决方案提供更加复杂的逻辑。在边云协同的扁平化新模式下，IEC 61499 标准将加速应用软件实现跨平台的移植和互操作，并推动工业 APP 应用商店模式取得成功。

最后，IEC 61499 标准自身并没有停下进化的脚步，IEC SC65B/WG15 标准制定工作组正在积极地推动第三版标准的修订并计划于 2023 年正式发布。第三版标准将新增第 5 部分并对第 1、2 部分内容进行修订，例如引入功能块命名空间、扩展管理命令、改进功能块实例命名法与应用配置法、完善子应用和简单功能块类型等内容。我们相信，不断完善的 IEC 61499 标准未来将在工业互联网与边缘计算方面有着更加广泛的应用和影响力。

1.5 IEC 61499 标准与开放自动化未来展望

IEC 61499 标准从第一版发布至今已经有十几个年头，走过了从兴起、沉寂到成熟的整个经历。在这十多年中，IEC SC65B/WG15 工作组一直在对 IEC 61499 标准进行改进。IEC 61499 标准也从一开始的分布式控制系统编程语言逐步发展到现在的开发自动化系统级建模语言。

在当今工业互联网时代，随着大量的边缘设备接入网络，海量的过程数据处理能对生产过程产生巨大作用。工业系统中 OT 与 IT 融合中最重要的一步是能将优化完成的模型重新部署到边缘设备上，使得工业互联网平台能够真正赋能企业。在通用编程语言与设计工具的协助下，现场工程师能够高效地将 Know-How 转变成工业边缘 APP，同时非全栈工程师也能快速地开发、部署与调试工业边缘 APP，从而真正实现工业互联网的价值落地，并解决工业互联网关键核心技术空心化的问题。IEC 61499 标准能够很好地填补 OT 与 IT 之间的鸿沟，将每个功能块看作是独立的微服务，而功能块接口则是调用 API。功能块网络可以将各个功能块通过控制流与数据流整合，形成一个或者多个应用程序，同时通过 IEC 61499 部署模型将应用程序映射到不同的边缘计算节点上，从而实现系统级工业边缘计算应用的统一建模设计。与 UML 等建模语言不同的是，IEC 61499 提供了完整的功能块执行机制，因此功能块网络能够被直接部署与执行，从而减少了从建模语言到可执行代码的转换，避免了由于模型转换造成的代码质量问题，进而提升设计的整体效率。

基于 IEC 61499 与微服务的工业边缘 APP 需要轻量级容器化的运行环境支撑以便实现虚拟化。如果将每个微服务作为单独容器封装，容器依次将 IEC 61499 微服务运行环境、所需要的编程语言支撑环境以及基于 IEC 61499 的应用程序加载，最后通过 IEC 61499 功能块网络将不同微服务之间串联起来。当需要对应用程序重新编排时，仅需对微服务调用顺序进行重新编排，无需对容器进行修改；当需要对微服务进行更新时，则只需要对容器内的顶层应用程序进行更新即可完成，而不会影响其他微服务以及系统的运作。通过容器化封装功能块微服务可以实现软件与硬件的完全解耦，从而显著提升工业边缘计算系统的灵活性。

当工业边缘 APP 开发完成后，最后一步需要将工业边缘 APP 从云端或者网关部署到边缘计算节点上。容器化工业边缘 APP 能保证从开发环境部署到生产环境的一致性，开发者可以将封装完成的容器上传到云端的工业边缘 APP 市场，系统集成商或者设备制造商可以根据需求从云端购买相应的工业边缘 APP，并且通过简易配置部署到边缘计算节点。通过建立 IEC 61499 模块商店，并使用集成开发环境对微服务进行统一编排与管理融合后，实现快捷地远程部署调试将不再是梦想。这将彻底改变现在工业应用的开发模式，降低由于人才匮乏造成的影响。

当基于微服务与轻量级容器的 IEC 61499 工业边缘 APP 与确定性 IP 网络、工业无线等网络紧密结合时，这将彻底改变工业系统形态，并打破专机专用的现状，实现 IP 一网到底的互联互通，工业互联网与边缘计算也将发挥其真正的价值。

第 2 章　IEC 61499 标准的核心机制及体系架构

IEC 61499 标准在 IEC 61131-3 标准的基础上新增了一系列的机制和规范，并融入面向对象和组件化的现代软件工程方法，从而构建起一套通用参考模型体系及建模语言，用以精确描述分布式工业过程测量和控制系统的结构与行为。在 IEC 61499 标准中，功能块被定义为封装软件功能和算法的标准格式和基础单元，在此基础上，异构杂合的分布式控制系统工程问题被抽象、简化为软件构件的选择、配置和部署过程。作为本书的基础部分，本章将逐一介绍 IEC 61499 标准中的核心概念及术语，一般当节引入的概念或术语将在次节做进一步说明和示例。为了便于理解，本章将采用由上至下的层进式说明方法，从基本概念开始介绍 IEC 61499 标准的模型体系。

2.1　IEC 61499 标准核心概念

2.1.1　事件

IEC 61499 标准在 IEC 61131-3 功能块定义中引入事件（Event）这一核心概念，事件可以被理解为取值为 0 或 1 的没有持续时间的即时信号。相较于 IEC 61131-3 所采用的轮询机制（Cyclic Scan-based Execution Model），IEC 61499 标准提出的事件驱动执行模式（Event-Driven Execution Model）可以极大地增强分布式自动化应用的可重构性和高复用性。

以图 2-1 所示的 32 位整型加法器 ADD_DINT 为例，其 IEC 61131-3 和 IEC 61499 版本在外部接口上的主要区别在于后者引入了额外的事件变量（REQ 和 CNF）以及它们与数据变量（IN1、IN2 和 OUT）的关联关系。通常在每一个 PLC 扫描周期，无论输入变量 IN1 和 IN2 的值是否改变，ADD_DINT 的控制算法都将被完整地执行一次；与此相反，IEC 61499 标准规定功能块只有在接收到特定的事件后其相应的控制逻辑才会被触发执行。因此在一般情况下，IEC 61499 功能块的执行将占用更短的时间。详细的事件驱动机制将在第 3 章中进行说明。

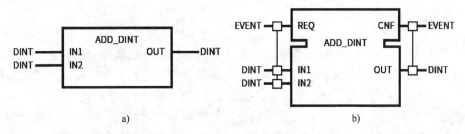

图 2-1　ADD_DINT 外部接口

a）IEC 61131-3 版本与　b）IEC 61499 版本

2.1.2 类型及实例

与面向对象编程语言中的类（Class）和实例（Instance）机制相似，在 IEC 61499 标准中首先通过创建功能块类型（Function Block Type）定义其实例的所有特征，再通过实例化生成具有独立内部数据及状态的功能块实例（Function Block Instance）。不同的功能块类型可以储存在相应的库（Library）中，任何发生在功能块类型上的改变都将同时作用于该类型的所有实例。另外，与面向对象的编程语言不同，IEC 61499 功能块类型不支持继承和多态机制。

如图 2-2 所示，ADD_DINT 功能块类型在被实例化三次后得到一个由三个不同实例，即实例_1、实例_2 和实例_3 组成的功能块网络。在同一个功能块网络中，每个功能块实例都将被赋予一个唯一的名称，同时拥有各自独立的状态、赋值以及存储空间。因此，当图 2-2b 中的功能块网络被执行时，功能块实例_1、实例_2 和实例_3 将依次根据各自的数据输入执行 ADD_DINT 功能块类型所定义的同一个算法，即 OUT=IN1+IN2，并分别得出：实例_1.OUT=3，实例_2.OUT=7，以及实例_3.OUT=10。

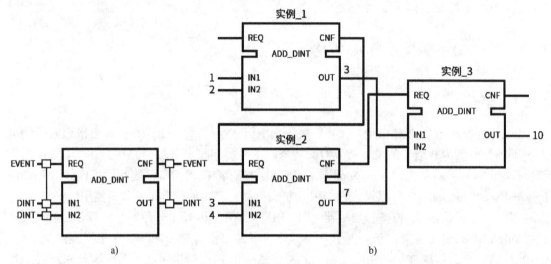

图 2-2　IEC 61499 功能块类型实例
a）ADD_DINT 功能块　b）功能块网络

功能块类型与实例这一机制也同样适用于 IEC 61499 标准中的其他构件，例如设备和资源。

2.1.3 参考模型

现代分布式工业过程测量和控制系统中包含各种异构杂合的软件应用，业界很早就意识到需要制定一系列的标准来降低软件中不必要的多样性，并通过标准化的体系架构和程序设计方法减少跨系统集成问题。IEC 61131-3 标准已为单台 PLC 上运行的软件制定好标准化模型和编程语言，这使得功能块可以在紧密耦合的处理资源上运行；同时，利用全局变量和通信功能块等手段实现 PLC 间的协作。但是对于包含大量设备并且需要频繁交互的分布式控制系统，IEC 61131-3 设定的软件及通信模型的应对能力开始变得捉襟见肘。有鉴于此，在IEC 61131-3 功能块的基础上需要有更进一步的标准来协调控制应用的功能定义和分布方式，从而实现分布式控制系统的可重构性、互操作性和可移植性。为此，IEC 61499 标准提出了一套描述分布式系统行为和结构的标准化参考模型，以作为实现后者标准化编程的第一步。在 IEC 61499 标准构建的系统模型里，分布式控制应用可以被定义为运行在不同设备上的逻辑相连的功能块，并通过标准化的数据和信息模型实现系统应用集成。

如图 2-3 所示，IEC 61499 标准按层级为分布式控制系统制定相应的参考模型，并通过

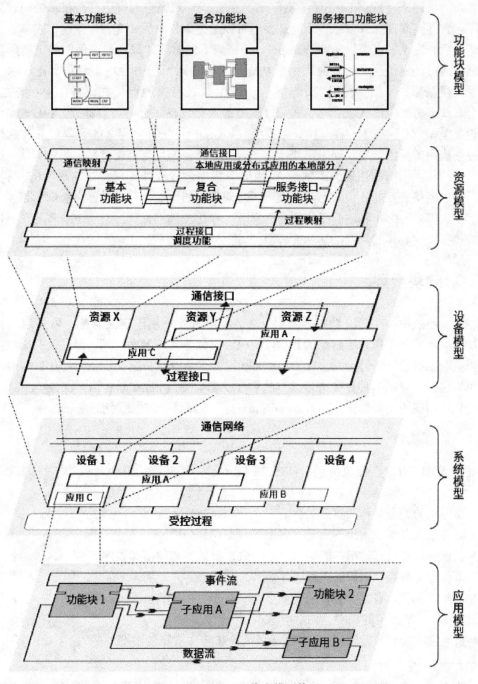

图 2-3　IEC 61499 参考模型体系

9

解耦软件功能性设计与硬件部署配置实现关注点分离（Separation of Concerns），在简化整体设计流程的基础上配合图形化开发方法降低工程的复杂度。

因为遵循 IEC 61499 标准设定的面向功能块开发范式，所以分布式控制应用的开发由创建功能块开始。首先，以功能块模型（Function Block Model）为样板将逻辑算法封装成可复用的功能块类型。其次，依照应用模型所规范的事件流与数据流将相应的功能块实例连接起来，以功能块网络（Function Block Network）的形式构筑完整的应用（Application）；此时的应用不包含任何硬件配置信息，因此开发者可以通过该集中视角专注于系统的功能性设计及验证。最后，在系统模型（System Model）的框架下先对控制设备和通信网络进行配置和连接，然后通过映射机制将控制应用中的功能块部署并运行于一台或多台设备上。以图 2-3 中的系统模型部分为例，利用集中式部署，应用 C 被完整地部署在设备 1 上；与之相反，通过分布式部署，应用 A 被部署到设备 1、设备 2 和设备 3 上运行。此外，IEC 61499 标准通过设备模型（Device Model）和资源模型（Resource Model）定义的管理服务和执行环境实现控制应用的灵活配置和动态部署。首先，设备模型补足应用模型所缺失的与硬件交互等功能，包括提供模拟量测量、离散输入/输出等物理过程和处理资源之间映射的过程接口，提供经通信网络交互的各类信息和处理资源之间映射的通信接口，并提供查询、创建、初始化、启动、停止、终止和删除等资源管理服务。在此基础上，资源模型进一步为其上功能块网络的执行提供具体的调度功能和管理服务。

2.2　功能块模型

在工业系统中，功能块是一个既定概念，能够有效地用于定义鲁棒、可复用的软件组件。功能块允许将工业算法封装为非软件专家亦可以容易理解和应用的形式，并通过提高抽象度以应对系统设计的复杂性。在 IEC 61499 标准体系中，功能块是一种具有自己的数据结构，可以通过一种或多种算法进行操作的软件功能单元（Functional Unit of Software），每一个功能块可以视为由外部接口（External Interface）以及内部功能两部分组成。

2.2.1　外部接口

还以 ADD_DINT 功能块为例，如图 2-4a 所示，其外部接口包含该功能块的以下相关内容。

- 功能块的类型名称和实例名称。
- 事件输入和事件输出的数量、名字、类型名和顺序。
- 数据输入和数据输出的数量、名字、数据类型、初始值和顺序[⊖]。
- 事件变量与数据变量的关联关系。

功能块外部接口各部分标识符的命名与 IEC 61499 标准中的其他要素一样，都必须遵循 IEC 61131-3 标准设定的规则，如下所示。

- 所有文本信息只能使用 ISO/IEC 646：1991 表 2 规定的字符。

⊖ IEC 61499 标准并没有强制规定是否在功能块类型的外部接口上显示内部变量。一些软件工具会辅助性地在外部接口体部下方显示内部变量。

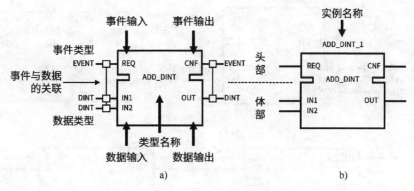

图 2-4 ADD_DINT 功能块

a）功能块类型 b）功能块实例

- 系统内置关键字必须为全大写，标识符不区分大小写。
- 标识符的第一个字符不能是数字。
- 标识符不能含有空格字符，也不能使用两个及以上的连续下画线字符。
- 在同一作用域下，标识符的前 6 个字符应具有唯一性⊖。

因此，"ADD_DINT""anAPP""_REQ""S_U_B_" 等皆为合规名字，而 "1stFB""Res__A" 和 "INTEGRAL REAL" 等为无效命名。

如图 2-4 所示，以左右划分，外部接口的左侧是输入端口，右侧是输出端口；以上下划分，外部接口的头部定义事件变量，体部定义数据变量。在 IEC 61499 标准体系中，除却名称外，每个事件变量还被赋予一个默认值为 EVENT 的事件类型。一般情况下，事件类型为 EVENT 的事件输入可以与任何其他事件类型的事件输出相连接，其他类型的事件输入只能与类型相同的或类型为 EVENT 的事件输出连接。如图 2-5a 所示，事件输入 INIT 的类型为 I_EVENT，它只能与类型为 I_EVENT 或 EVENT 的事件输出相连接⊜。事件类型的使用能够确保功能块只能被特定的事件触发从而增强设计的鲁棒性。

每个功能块类型在实例化时，其所有的输入、输出及内部变量都将被初始化为在该功能块类型定义时被赋予的初始值，如有任何变量在定义时未被赋予初始值，则其初始值将被设定为该变量所属数据类型的默认初始值。虽然 IEC 61499 采用与 IEC 61131-3 一致的标准数据类型（详见附录 A），但是两者更新输入和输出数据的机制截然不同。IEC 61499 标准利用事件与数据的关联关系决定数据变量的更新时机。再如图 2-5a 所示，事件与数据的关联在图形上以方形连接器的样式表示，每个事件变量可以与 0 个或多个同侧数据变量相关联⊜，如下所示。

- 事件输入 INIT 关联 0 个数据输入。
- 事件输入 EX 关联 2 个数据输入：HOLD（BOOL 型）和 XIN（REAL 型）。
- 事件输出 INITO 关联 1 个数据输出：XOUT（REAL 型）。

⊖ 因此在某些软件中 "VELAR_1" 和 "velar_2" 被视为相同的标识符。

⊜ 某些 IEC 61499 工具，例如 FBDK，只允许事件类型严格相同的输入与输出连接，即 I_EVENT 不能与 EVENT 互联。

⊜ 事件输入只能与数据输入相关联，但不能与数据输出相关联，反之亦然。

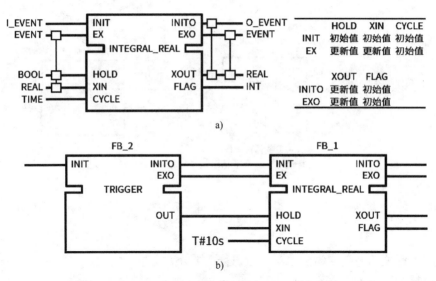

图 2-5　IEC 61499 标准中的事件与数据关联关系及更新机制

a) 事件与数据关联关系　b) 更新机制示例

● 事件输出 EXO 关联 1 个数据输出：XOUT（REAL 型）。

只有与事件变量建立关联的数据变量在该事件发生时其值才会被更新，其他数据变量的值保持不变，例如：当事件输入 EX 发生时，与其关联的数据输入 HOLD 和 XIN 的值将会被更新；反之，由于数据输入 CYCLE 不与 EX 关联，它将一直保持初始值。同样，由于事件输入 INIT 不与任何数据输入关联，因此它的发生不会触发任何数据输入的更新。这里需要注意的是图 2-5b 中数据输入 FB_1.CYCLE 被赋予一个 10 s 的常量值，IEC 61499 标准规定，如果一个数据输入没有与任何事件输入关联，它将不能与任何其他数据输出关联[⊖]，此类数据输入可以作为一个常量参数为功能块赋值。另一方面，虽然数据输入 FB_1.XIN 与事件输入 FB_1.EX 相关联，但是由于其并未与其他数据输出关联，所以当事件 FB_1.EX 发生时，FB_1.XIN 不会被赋予新值，而是仍将保留其初始值不变；同时，由于 FB_1.FLAG 不与任何事件输出相关联，它将一直输出其初始值。因为这些特性，可以认为 IEC 61499 标准的事件与数据关联机制其实是在数据更新间隔中，每个功能块实例都应使用缓冲存储保留所有数据变量的当前值，即一般情况下在功能块类型实例化时会为每一个数据输入/输出创建一个输入/输出变量。为了提高功能块网络的整体辨识度，本章后面功能块实例外部接口上的所有事件与数据关联关系都不再显示。另一方面，数据输出可以与数据输入关联的前提是它们必须具有相同的数据类型。

2.2.2　内部功能

在 IEC 61499 标准中，任何功能块的执行都必须由事件的输入所触发，其执行过程同时取决于功能块的内部状态，并以事件的输出作为执行结果。因此如图 2-6 所示，功能块内

⊖　某些 IEC 61499 工具，例如 FBDK，并没有严格遵循这一条规则。一般情况下，在 FBDK 中任何事件的发生都会触发所有数据变量的更新。

部大体上可以被划分为两部分：执行控制（Execution Control）及内置功能。依照 IEC 61499 标准的封装理念，设计良好的功能块不需要对外披露过多的内部细节，因而执行控制、内置功能以及内部数据都被隐藏在功能块内部。与 IEC 61131-3 标准不同，在 IEC 61499 标准中不允许任何数据变量脱离功能块单独存在，因此在后者的体系中只能通过功能块传递数据而无法也不应使用全局变量。

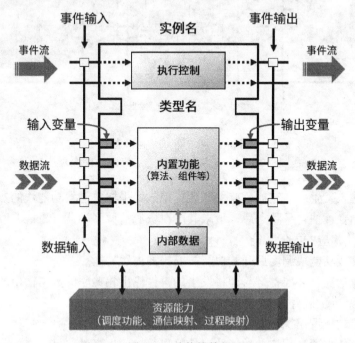

图 2-6 功能块特征

执行控制通过定义事件输入、内置功能的执行和事件输出之间的因果关系对功能块的内部状态进行映射。功能块的执行控制可以由开发者定义的状态机提供，也可以由其所在的资源提供。另一方面，IEC 61499 标准兼容多种表达形式用于描述其功能性，功能块的内置功能可以是用结构化文本或梯形图等 IEC 61131-3 语言编写的算法，也可以表现为一个由功能块实例构建的网络，以此适应不同开发需求和应用场景。因此，在同一套外部接口的构建规则下，根据内部功能的组织结构和表示形式，功能块可以被划分为如图 2-7 所示的不同形态，包括：

- 基本功能块（Basic Function Block）：其功能性主要由算法和执行控制图表定义。
- 复合功能块（Composite Function Block）：由内部功能块网络的组成决定其行为。
- 服务接口功能块（Service Interface Function Block）：通过服务序列图（Service Sequence Diagram）描述其与外部环境的服务接口和交互过程。

这些功能块形态的具体细节将在第 3 章讨论。

如图 2-8a 所示，为保障执行过程和结果的确定性和一致性，IEC 61499 标准对功能块的执行模式进行标准化后规定：每当功能块被一个事件输入触发执行时都将依次经历以下 8 个阶段。

1）在输入端更新与即将到达的事件输入相关联的所有数据变量，并将它们变为可用。

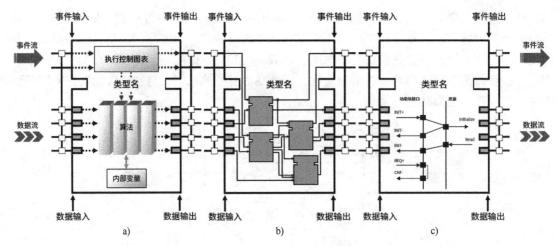

图 2-7　功能块的不同形态

a）基本功能块　b）复合功能块　c）服务接口功能块

2）在事件输入发生后，完成所有关联数据输入的采样并触发功能块的执行控制。

3）执行控制在评估自身状态后，请求其所在资源的调度功能（Scheduling Function）以安排执行该功能块相应的内置功能。

4）资源在完成功能块调度后开始执行被安排的内置功能。

5）执行内置功能，并准备好与即将发出的事件输出相关联的数据输出的更新值。

6）告知资源调度功能内置功能的执行已全部结束。

7）资源调度功能调用执行控制准备触发相关事件输出。

8）执行控制依次通过相应的功能块事件输出接口发出事件信号。

为确保同一功能块在不同工具平台和运行环境下具有相似的执行语义，同时不过多地限制实现细节，IEC 61499 标准只为功能块的执行模式设定上述最通用的规范，因此务必了解以下情况。

- 为保障在功能块执行期间各变量数值的稳定性和确定性，所有数据输入的值在采样后应不再变化直到完成事件的输出。
- 标准规定功能块的每次执行都必须在有限的时间内完成，因此在功能块中要谨慎使用带有阻塞性质的算法等元素。
- 在一次功能块的执行过程中，根据执行控制所处状态和具体的事件输入，阶段 3）~8）可以重复发生多次⊖，这有可能造成一个事件输入触发多个事件输出⊜的情况（具体示例请参阅第 3.1.1 节）。

另一方面，由于每个执行阶段的时长范围属于具体细节，因此 IEC 61499 标准并没有对其做出过多的硬性规定，只是明确提出为精确评估功能块应用的时序特性，相关实现需要能够定义各执行阶段的具体时长。相反地，如图 2-8b 所示，IEC 61499 标准具体指出了在功能块应用设计阶段需要考虑的关键时延，各时延的定义见表 2-1。

⊖　每次重复必须完整执行 3）~8）每一个阶段，并且不能更改执行次序。

⊜　可以触发多个不同的事件输出，也可以触发多个相同的事件输出。

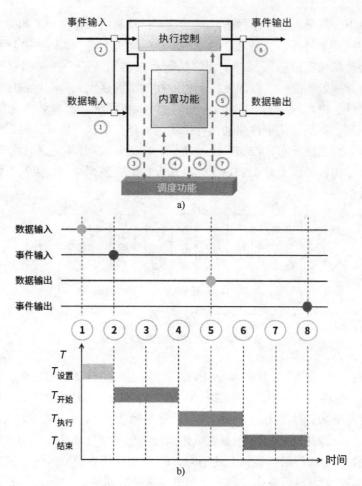

图 2-8　IEC 61499 功能块事件驱动执行模式及其时序图

a）执行模式　b）时序图

表 2-1　功能块执行时延总结

$T_{设置} = T_2 - T_1$	设置功能块输入所需的时间，即完成数据输入采样及触发执行控制的时间
$T_{开始} = T_4 - T_2$	安排执行内置功能所需的时间，即从执行控制接收到事件输入到资源调度启动内置功能执行的时间
$T_{执行} = T_6 - T_4$	执行内置功能所需的时间
$T_{结束} = T_8 - T_6$	从内置功能执行结束到触发事件输出的时间

　　根据表 2-1 的定义，一个功能块完成一次执行所需的时间可以粗略计算为：$T_{总时长} = T_{设置} + T_{开始} + T_{执行} + T_{结束} = T_8 - T_1$。一般情况下，$T_{设置}$ 与 $T_{结束}$ 的耗时相对固定，$T_{开始}$ 的具体时长取决于资源的负载程度和调度策略等因素，$T_{执行}$ 所需执行时间取决于内置功能的复杂程度。由于事件驱动执行模式的特性导致 $T_{总时长}$ 的值并不固定，所以通常用 $T_{开始}$ 与 $T_{执行}$ 的最大估算值来计算 $T_{总时长}$，以此作为预测该功能块最坏执行时间的基准。此处需要明确的是功能块应用一般是由多个功能块实例构建的网络，对具体事件输入的响应速度由功能块网络的组成和每个功能块的内置功能共同决定，功能块应用的执行时间有长有短。因此在实时性要求

较高的应用场景下，需要额外借助静态分析工具，以及利用与算法调度相关的属性设定等方法确保功能块应用的实时性，这与 IEC 61131-3 标准有所不同。如图 2-9 所示，在每个扫描周期，PLC 都必须依次完成输入采样、程序执行和输出刷新三个耗时相对固定的阶段；由于每个周期的时长一般不变，所以即使控制程序能够提前结束，分配给程序执行阶段的时长也不会缩短。另外，PLC 利用循环扫描这一特性可以在系统层面有效简化同步和部署等方面的程序设计问题。如果对比事件驱动执行模式与循环扫描执行模式，可以明显看出两个标准不同的侧重点：为适应分布式控制系统的特性，IEC 61499 标准更关注分布式控制应用设计的灵活性及可重构性，而 IEC 61131-3 标准在设计上更强调集中式控制系统中程序逻辑的确定性和直观性。

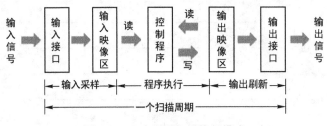

图 2-9　PLC 循环扫描执行模式

与 IEC 61131-3 标准类似，IEC 61499 标准在框架上对事件驱动的功能块执行模式进行抽象化和标准化，并允许开发者根据实际需求自行决定各部分的具体实现方式，因此一些技术细节上的差异有可能导致同一控制程序在不同运行平台上的执行效果出现偏差。例如，IEC 61499 标准假定事件是瞬时发生的，但是在具体编程实现时事件往往表现为具有一定时长的特定信息交互。同时由于编程语言机制上的不同，例如 Java 和 C 语言，这一信息交互的过程差异可以导致不同的功能块执行效率。另一个例子是事件队列，IEC 61499 标准规定在任一时刻资源的调度功能必须保障一次只传递一个事件，但同时允许资源并发执行多个功能块的控制算法。正如前文所述，这将导致一个事件输入触发多个事件输出。一些 IEC 61499 运行环境假设所有功能块都能被及时执行，故而选择直接传递事件输出而不做缓存；另一些运行环境为避免丢失事件，利用队列来按发生次序存储事件后再逐一处理。由于 IEC 61499 标准没有对资源调度功能和事件队列等细节做明确规定，一些硬件资源受限的运行环境会严格限制事件队列的大小，同时将连续重复发生的事件视为单一事件存储在队列中；与此相反，硬件资源丰富的运行环境则可以如实存储所有事件。因此，单从事件队列的大小上看，同一个功能块应用在不同运行环境下的执行结果可以天差地别。本书将在第 6 章结合具体的运行环境对 IEC 61499 执行语义上的问题进行补充说明，更多关于 IEC 61499 功能块的技术实现细节和语义问题可以参考相关文献。

2.3　应用模型

IEC 61499 标准将应用（Application）定义为在系统层面描述控制程序结构和行为等特征的重要设计手段。与 IEC 61131-3 标准更偏向于硬件资源的开发范式不同，IEC 61499 标准的应用开发独立于硬件平台，通过剥离配置和部署等实施细节，帮助开发者聚焦于控制逻辑的功能性设计、仿真验证和快速迭代。如图 2-10 所示，IEC 61499 应用实质上是一个没有外部接口的独立功能块网络，它的功能和行为主要由其内部的功能块和子应用（Subapplication）实例以及这些组件间的事件流和数据流所定义；一个应用可以全部或部分地部署到一台或多台硬件设备上的一个或多个计算资源。IEC 61499 标准巧妙地利用关注点分离分步骤降低分布式控制系统的设计难度：首先以应用为中央视角把控控制程序结构和功能的完整性和精确性，然后利用系统配置（System Configuration）综合评估各种部署方案的优劣，从而敲定控制应用的最优分布方式。

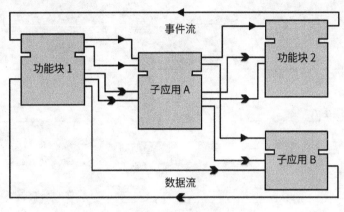

图 2-10　应用模型[⊖]

IEC 61499 标准规定所有的行为都必须以功能块为基础单元来定义，并以功能块网络的形式构筑完整的控制应用。当一个应用包含过多的功能块时就会变得臃肿不堪，并在极大程度上降低其可读性和可维护性。因此 IEC 61499 标准引入复合功能块和子应用，对成熟或通用的解决方案进行模块化封装，从而实现图 2-11 中展示的层次化设计。通过层级索引可以直观地指代具体的组件，例如"应用 A. 子应用 A. CFB1. BFB1"指代应用 A 所包含的子应用 A 里复合功能块 CFB1 中的基本功能块 BFB1。关于复合功能块和子应用的具体规范将在3.1.2 节和 4.1.1 节里详述。

图 2-12 列举了 IEC 61499 标准所规定的一些基础连接规则（虚线代表错误，实线代表正确），适用于子应用和各种形态的功能块。

1）事件端口不能和数据端口互联，例如事件输出 FB1. EO2 不能与数据输入 FB3. DI1相连；在此前提下输出端口可以与输入端口相连（反之亦然），但必须保证端口变量具有相同的事件或数据类型，例如事件输出 FB5. EO1 与事件输入 FB6. EI1 的事件类型必须相符才能连接，同理，数据连接 FB4. DO1-FB5. DI1 两端的数据类型也一定相同。

2）传入事件和数据的连接不需要来自同一功能块，例如功能块 FB6 可以分别接收来自功能块 FB5 的事件以及来自功能块 FB4 的数据。

3）同一事件发出方只能与最多一个事件接收方连接，因此 FB1. EO1 - FB2. EI1 与

⊖ IEC 61499 标准没有强制要求标明事件流和数据流，但为了便于理解，本书使用箭头指示事件和数据在某些相应连接上的流动方向。

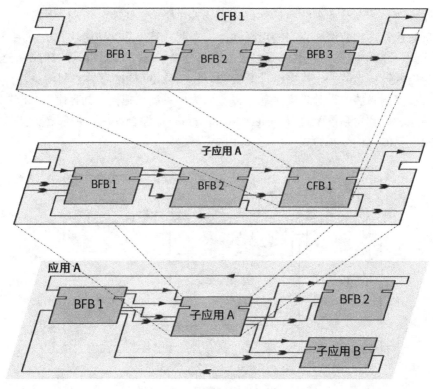

图 2-11　层级应用示例

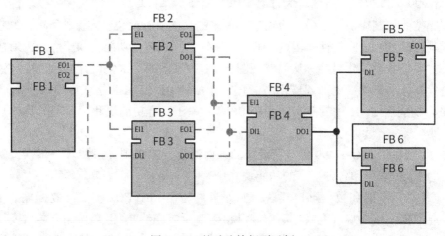

图 2-12　基础连接规则示例

FB1. EO1-FB3. EI1 构成非法连接[⊖]；同一事件接收方只能与最多一个事件发出方连接，因此 FB2. EO1-FB4. EI1 与 FB3. EO1-FB4. EI1 构成非法连接。3.1.2 节将会具体说明如何使用事件功能块 E_SPLIT 和 E_MERGE 实现事件分拆和事件合并，以及 IEC 61499 标准提供的相关图形速记符。

4）同一数据接收方只能与最多一个数据发出方连接，因此 FB2. DO1-FB4. DI1 与

⊖ 本书使用实心圆点代表连接的交接处，IEC 61499 标准对此用法并没有做出规定。

FB3. DO1-FB4. DI1 构成非法连接；在 IEC 61499 标准中每个实例都是完全解耦的，因此当一个数据接收端口收到多个传入数据时，它无法判断应从哪一个数据连接接收数据，这条规则能够避免此类不确定情况的发生；3.1.2 节将会示例如何使用复用器（Multiplexer）解决多个数据连接汇入一个数据接收端口的问题。

5）同一个数据发出方可以与多个数据接收方连接，因此 FB4. DO1 - FB5. DI1 和 FB4. DO1-FB5. DI1 皆为有效连接。

2.4 系统模型

IEC 61499 标准所倡导的以应用为中心的开发范式能够脱离硬件架构定义控制程序的整体功能，但是一个完备的分布式控制系统参考模型必须兼顾软硬件两方面。在硬件层面，需要能够配置控制设备属性、设定通信协议和网络架构，并支持控制应用的分布式部署等一系列功能。为此 IEC 61499 标准提出能够对软硬件进行一体化描述的系统模型（System Model），用以规划控制系统的硬件架构并补足运行应用所需的分布模型和映射机制，从而形成可执行的系统配置（System Configuration）。如图 2-13 所示，IEC 61499 系统模型的主体结构是一个可包含多台设备的层级网络，设备可以使用各类通信链路在不同的网段上实现连接，在此之上，一个或多个应用可以被完整地或部分地部署到一台或多台设备上运行。因此在完成 IEC 61499 应用的设计后，开发者可以通过构建系统模型来规划硬件布局、配置设备参数和架设通信网络，从而找出最符合需求的硬件配置方案。在确认硬件架构后，利用 IEC 61499 标准提供的映射机制，控制应用可以被方便地部署到相应的设备上完成软硬件闭环，从而形成最终的系统配置。针对同一硬件，架构开发者可以设计不同的应用分布方式，例如一个应用可以像图 2-13 中的应用 C 一样被集中部署到单一设备上，也可以如应用 A 般被分别映射到多台设备上。由于应用不依赖硬件的特性，一般情况下，如果后期硬件架构出现变动，只需要重新适配应用的部署方案即可，应用的弹性配置方式可以显著提升系统设计的灵活性。本章剩余部分将逐一说明 IEC 61499 标准提供的设备和资源模型，以及部署机制和管理服务等细节。

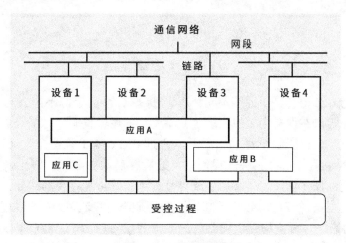

图 2-13　系统模型[○]

○ 受控过程不是控制系统的一部分。

2.4.1 设备模型

在分布式工业过程测量和控制系统中存在着种类繁复、功能各异的控制设备，并不是所有设备都能够支持 IEC 61499 标准。为此 IEC 61499 标准将运行功能块应用所需的共性提炼出来，形成标准化抽象模型，并以基础功能单元的形式在系统模型中对实体控制设备进行统一的描述和配置。如图 2-14 所示，IEC 61499 设备的核心作用是为部署在其上的应用提供运行所需的基础设施，包括过程和通信接口以及相应的计算资源，每台 IEC 61499 设备必须含有一个过程接口或一个通信接口，以及 0 个及以上的资源[一]，应用可以自由地部署到不同资源上，并借助接口与外部环境互动。从机制层面看，过程接口通过将从物理过程（例如模拟量测量、离散输入/输出等）接收到的各类信号传递给各资源，从而建立起两者间的映射关系；类似地，通信接口以服务的方式建立通信网络与资源间的映射关系，进而实现通信网络与设备内资源间的信息交互，同时利用通信接口还可以提供包括编程、配置、诊断等在内的服务。从实现层面看，接口所提供的每项功能都是以服务接口功能块的形式部署到资源上，并以事件、数据或两者组合的形式与映射到资源中的应用功能块交换信息。

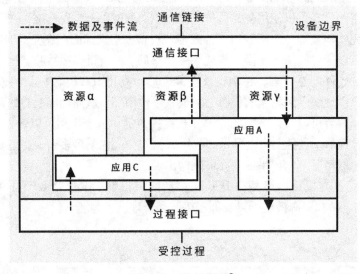

图 2-14　设备模型[二]

另一方面，与 IEC 61131-3 标准不同，IEC 61499 标准的资源不需要与实物处理单元绑定，而是可以按照需求在设备中虚拟出多个互不干扰的逻辑资源，每个资源都包含完整的功能块运行环境。基于上述资源特性，用户可以通过 IEC 61499 管理命令（Management Command）对设备资源上运行的功能块进行创建、删除、启动、停止、终止、查询、读取、写入、重置等一系列的操作。同时，考虑到硬件性能和功能可能存在的差异，并不是所有厂商生产的设备都能完全符合 IEC 61499 标准所定义的模型，并支持全部的管理功能，因此 IEC 61499 标准按照功能性和可重构性由弱到强的顺序将设备分为 Class 0、Class 1 和 Class 2 三

   ⊖　不包含任何资源的设备被视为在功能上等同于一个独立的资源。

   ⊜　此图展示图 2-13 中设备 1 的一种可能的内部结构。

个合规性级别。表 2-2 总结出这三个级别设备所能提供的功能。

表 2-2　设备合规性分类

设备分类	设备功能
Class 0： 简单设备	支持创建、更改已预先加载的功能块实例间的事件与数据连接 支持启动或停止功能块和应用的执行 能够提供功能块外部接口定义给来自网络配置工具等的外部查询
Class 1： 简单可编程设备	具备所有 Class 0 设备提供的功能 自带不可更改的功能块类型库，可以任意创建并连接该库内的功能块类型的实例 支持启动或停止应用的执行 支持删除任意功能块实例和连接 提供组件内容查询功能
Class 2： 用户可重编程设备	具备所有 Class 1 设备提供的功能 支持添加新的数据类型和功能块类型 支持对功能块和应用所有特性的查询

总的来说，Class 0 对应硬件资源相对匮乏的控制设备，例如微型嵌入式控制器，这类设备大多只能对内置的功能块实例间的连接等进行简单配置；Class 1 可对应中小型 PLC 等具有一定可重构性的控制设备，能够简单编辑其内置功能块应用；Class 2 对应硬件性能较为强大的控制设备，可以自由地更改其内置功能块类型库，从而最大限度地重构其内部功能块应用。与功能块相似，在完成一个设备模型所需接口和资源的类型和数量设定后，可以将其封装成可复用的设备类型（Device Type），并在具体的系统配置中实例化。

2.4.2　资源模型

IEC 61499 标准通过系统模型和设备模型完成分布式控制系统的硬件架构设置和控制程序部署，而功能块应用的实际运行和管理则交由资源负责，因此资源成为 IEC 61499 模型涵盖内容与底层系统功能之间的界限。作为承载功能块网络的容器，资源主要提供：支撑功能块运行的必要物理条件，功能块与外部环境交互的接口，以及执行和管理功能块的运行环境。如图 2-15 所示，资源的主体是部署在其上的应用所包含的功能块，这些应用功能块与物理过程和外部环境进行数据和信息的交互接口由内置于设备中的服务接口功能块提供。服务接口功能块是一类特殊形式的功能块，它们将系统特定的底层功能封装成功能块，并以事件和数据服务的方式提供给其他功能块（本书 3.1.3 节将详细介绍服务接口功能块）。由于事件驱动机制的特性，IEC 61499 功能块的执行很难如 IEC 61131-3 一般遵循预先设定的次序，因此资源的另一个重要功能就是保障事件调度的正确性：资源维护应用中事件的发生次序和优先级，确保在任一时间只有一个事件被传递并按照明确的调度规则和执行语义，在正确的时间执行目标功能块中的相应功能，同时保障执行期间功能块中各变量数值的一致性和同步性，最后按需将执行结果返还至相关接口。另一方面，作为设备内逻辑独立的功能单元，每个资源都可以单独地通过管理命令被创建、配置、启动、停止和删除，而不影响同一设备或网络中的其他资源。

同设备模型类似，在完成一个资源模型所需的参数和服务接口功能块的设定后，可以将其封装成可复用的资源类型（Resource Type），并在具体的设备模型中实例化。

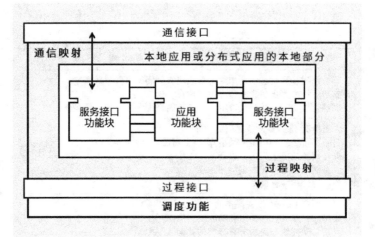

图 2-15   资源模型

2.4.3   分布模型

IEC 61499 标准赋予应用部署很大的灵活性和自由度，为规避部署过程中不必要的错误和可能遇到的问题，分布模型的提出对应用的映射流程和配置方法进行了明确的规范和指导。如图 2-16 所示，在 IEC 61499 分布模型中，功能块和子应用能够以任意单体或组合的方式部署至任一设备的任一资源上。这其中应用可以将其内含功能块进一步划分到任意资源上，但是功能块作为 IEC 61499 的基本功能单元不能进一步拆分，因此不论是复合功能块还是服务接口功能块都必须如基本功能块一样作为单一整体部署到某一个资源上。

IEC 61499 应用的分布一般包含分发和配置两个步骤。首先依据性能需求等实际情况拟定功能块和子应用的分发方案，例如图 2-16 中应用 A 中的功能块 1 和子应用 A 将被分别发送到设备 1 和设备 2 上的相应资源。接着如图 2-17 所示，由于被分发到彼此独立的设备 1. 资源 α 和设备 2. 资源 β 上，应用 A 中各组件间原有的连接都被一一切断（菱形处），因此在每个资源内需要添加额外的通信服务接口功能块以接续并恢复功能块 1 和子应用 A 原有的事件和数据连接。以设备 1. 资源 α 为例，在原有应用中功能块 1 有两个信息源和两个接收端，因而在设备 1. 资源 α 中需要为功能块 1 增加以下 4 个通信服务接口功能块。

- SUBSCRIBE1：传递来自子应用 B 的数据，这里需要留意的是功能块 1 只是单纯使用子应用 B 的数据，因此 SUBSCRIBE1 并没有发送任何事件去触发功能块 1，后者只在自身需要时才会去读取该数据。
- SUBSCRIBE2：传递来自功能块 2 的事件。
- PUBLISH1：发送事件和数据到子应用 A。
- PUBLISH2：发送数据到子应用 B，与 SUBSCRIBE1 的情况不同，虽然在原有应用中功能块 1 与子应用 B 间只存在数据连接，但是由于所有功能块都必须以事件来触发，因此必须将与该数据输出相关联的事件输出连接到 PUBLISH2。

同样地，在原有应用中子应用 A 有一个信息源和两个接收端，因而在设备 2. 资源 β 中需要为其增加以下 3 个通信服务接口功能块。

- SUBSCRIBE1：传递来自功能块 1 的事件和数据。

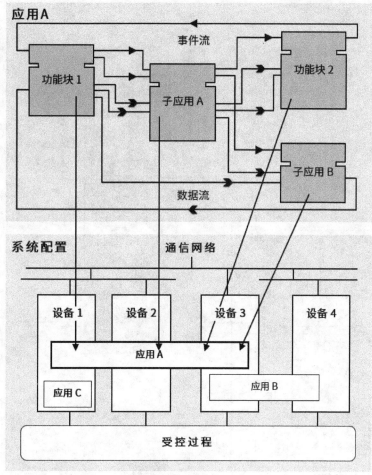

图 2-16　分布模型：分发

- PUBLISH1：发送事件和数据到子应用 B。
- PUBLISH2：发送数据到功能块 2。

一般情况下，成对的通信服务接口功能块主要依据信道标识符建立通信信道，该信道标识符在同一个系统中应具有唯一性。在图 2-17 的例子中，设备 2. 资源 β.SUBSCRIBE1 与设备 1. 资源 α.PUBLISH1 具有一致且唯一的通信信道标识符"IP1"，通过订阅前者可以接收后者发布的相应信息（单向通信）。利用通信服务接口功能块，IEC 61499 标准可以支持PUBLISH/SUBSCRIBE（发布/订阅）和 CLIENT/SERVER（客户端/服务端）等各类通信模式，以及现场总线和工业无线网络等通信接口。有关通信服务接口功能块的详细说明请参见3.1.4 节。在满足应用自身的通信需求后，通常还需要为其更新与受控过程交互的服务接口功能块，以适配资源所提供的执行环境，例如新的输入/输出端的物理地址等参数。应用的分发和配置实际上是一个软硬件耦合的过程，其结果是形成一个可执行的分布式系统配置。同时由于硬件系统的加入和分布方式的不同，虽然功能块间的因果关系大致不变，但原有应用的时序性和可靠性将会依据资源的计算能力和通信功能发生一定的变化。

另外，图 2-17 中设备 1. 资源 α. 功能块 1 所使用的事件分割图形速记符以及示例中出现的各种功能块连接问题将在 3.1.2 节进一步说明和讨论。

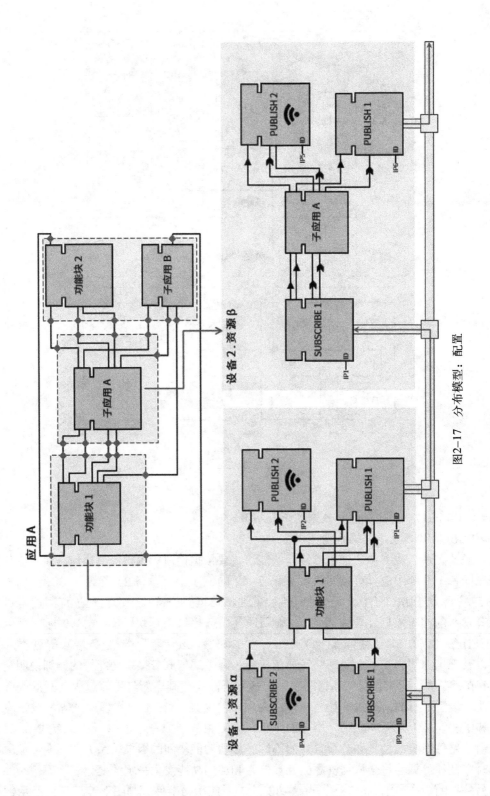

图2-17 分布模型：配置

2.4.4 管理模型和运行状态模型

在设计之初，IEC 61499 标准就已考虑如何提高工业自动化系统的自适应性和可重构性，逐步形成以功能块为基础功能单元，并利用管理命令对应用进行动态配置的机制。为了在最大程度上减少应用重构对受控过程的干扰和影响，IEC 61499 标准将管理应用（Management Application）和系统生命周期两个概念相结合，从而规范并模型化受管理实体在每个运行阶段可执行的命令和预期的行为。

管理应用是一种具有更高级别的权限和功能的 IEC 61499 应用，可以作为引导程序随着设备一起自启，并能够根据所在设备级别对普通应用进行全生命周期的管理和操作，包括以下内容。

- 在资源内加载子应用或构建功能块网络，包括创建功能块实例并建立实例间的事件和数据连接。
- 对资源和功能块实例进行配置并启动功能块实例的执行。
- 提供功能块实例状态，包括运行状态以及输入和输出值，及其连接等信息的查询服务。
- 更改资源和功能块实例的运行状态。
- 删除功能块实例、事件连接和数据连接。

如图 2-18 所示，IEC 61499 标准设计了两种提供管理应用的方案。在共享式管理模型中，每台设备包含一个唯一的管理资源，作为基础设施为设备内其他资源提供构建和维护等功能块网络的管理功能。在分布式管理模型中，每个资源皆含有一个专门的管理应用，独立管理其内部的功能块网络。无论采用哪种方案，管理应用的内部构成与普通应用并无实质性差异，只是含有更多的服务接口功能块以便与外部接口和执行环境进行交互。

IEC 61499 标准对管理应用的一个强制要求是在其进行各项操作时应避免干扰其他应用的有序运行，因此管理应用必须能够知悉各个被管理对象的当前状态，以确保所发出的命令可以在合适的时间正确执行并产生可预期的行为。为此 IEC 61499 标准对设备、资源和功能块等功能单元在其生命周期中所允许出现的运行状态进行标准化定义，并形成图 2-19 中的运行状态机。

- 闲置：执行受管对象的初始化流程，例如将功能块实例的输入、输出和内部变量逐一设置为默认值。
- 运行：受管对象按其常规流程正常运行，例如以功能块为例将按照 2.2.2 节所描述的常规执行模式运行。
- 停止：完成当前执行动作后停止运行。
- 终止：受管对象当前执行动作被中断并进入无效状态，通过删除或复位受管对象进行恢复。

图 2-19 中各状态间的转换命令即为管理应用应该提供的管理功能。

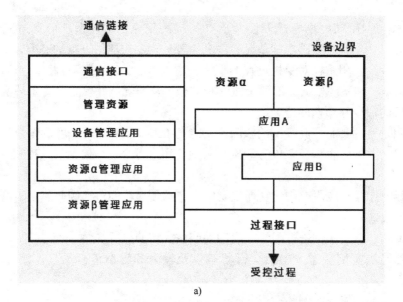

a)

通信链接

设备边界

通信接口

资源α | 资源β

应用A

应用B

过程接口

受控过程

b)

图 2-18　管理模型

a) 共享式　b) 分布式

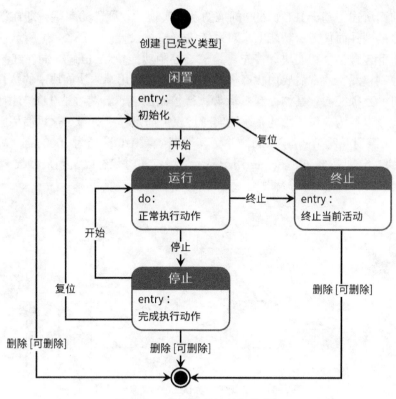

图 2-19 受管对象的运行状态机

2.5 红绿灯控制系统设计实例

本节将通过一个简单的红绿灯控制例子来对上述 IEC 61499 标准的核心概念进行展示。如图 2-20 所示, 如要对一个十字路口红绿灯控制进行编程, 可以直观地通过人机界面自定义绿灯通行时间以及黄灯闪烁时间, 同时每个方向都有一个计时器用以显示剩余时间。

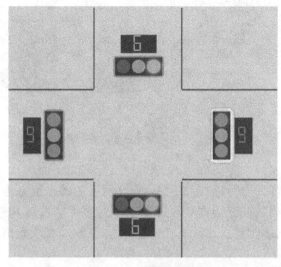

图 2-20 红绿灯系统

如本章前面所述，基于 IEC 61499 标准的系统实现了软硬件的解耦，即在设计阶段无需考虑具体部署的硬件而仅需从功能上来对系统进行整体设计。如图 2-21 所示，整个红绿灯控制系统的设计包含 4 个功能块。首先，是核心控制功能块 Traffic_Basic，红绿灯作为一个互锁机制的控制单元，通常需要用状态机来描述。这里使用基本功能块中的执行控制图表来实现两侧路口的互锁控制，具体控制逻辑与执行控制图表设计将在 3.1.1 节中详述。其次，红绿灯计时通常以秒为单位，因此系统的实时性仅需满足秒级更新。这里使用服务接口功能块 E_CYCLE 来定期触发 Traffic_Basic，并将其周期参数 DT 设置为 1000 ms。系统中还有两个 HMI 功能块，分别是 Traffic_Corner 用于显示红绿灯实时状态以及剩余秒数，以及 Traffic_Panel 用于输入绿灯与黄灯的等待时间。

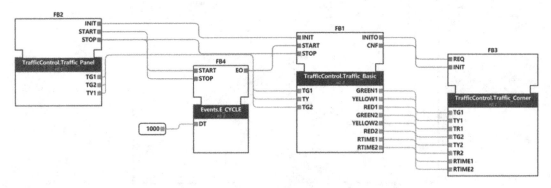

图 2-21　红绿灯控制 IEC 61499 系统设计

当系统整体设计完成后，需要将功能块与硬件映射绑定从而完成部署模型的配置。在 IEC 61499 标准中，首先需要对所采用的控制器硬件与所属网络进行组态。如图 2-22a 所示，创建一个网段 Seg1，并且配置一个相应的 IEC 61499 运行环境 PLC1，同时在运行环境中创建一个新的资源 RES1。最后，如图 2-22b 所示，只需要回到系统应用，将所有功能块映射到资源 RES1 上，即可完成系统的单机部署。

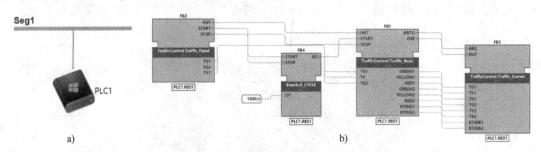

图 2-22　单机部署红绿灯控制系统
a）系统配置　b）功能块应用

当需要分布式部署时，只需如图 2-23a 所示在上述部署组态界面中新增一个运行环境 PLC2，然后如图 2-23b 所示在应用设计界面中将需要移植到 PLC2 上的功能块重新配置，开发工具将根据部署配置自动插入相应的通信服务接口功能块，从而完成分布式一键部署。

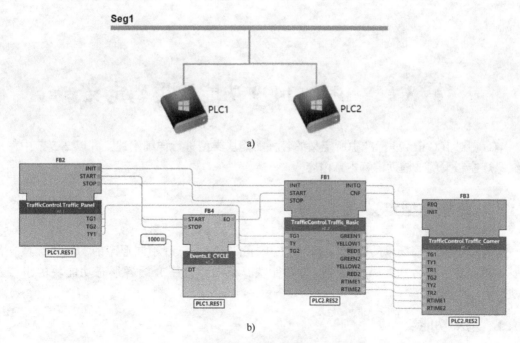

图 2-23　分布式部署红绿灯控制系统

a）系统配置　b）功能块应用

　　至此，第一个 IEC 61499 分布式应用程序的开发与部署就已完成，IEC 61499 标准就是如此实现设计时软硬件完全解耦、运行时任意部署的高灵活性分布式工业控制系统。

第3章　IEC 61499 功能块类型定义

本章将对 IEC 61499 标准中所定义的各种功能块类型进行详细阐述，并以 2.5 节中使用的红绿灯控制案例来辅助讲解本章内容。

3.1　功能块类型定义

为满足不同应用场景的需求，IEC 61499 标准提出了三种不同形态的功能块类型，包括基本功能块、复合功能块和服务接口功能块，下面将逐一介绍各形态功能块的组成及用法。

3.1.1　基本功能块

在 IEC 61499 标准体系中，基本功能块是最为核心的功能单元，也是所有应用设计的起点。如图 3-1 所示，基本功能块由外部接口，执行控制图表（Execution Control Chart，ECC），以及相应的算法（Algorithm）和内部变量（Internal Variable）四个主要部分组成。基本功能块的外部接口构成遵从 2.2.1 节中的定义，包含事件输入和输出，数据输入和输出，以及事件与数据的关联关系；基本功能块的内部行为和状态则由其算法和执行控制图表共同决定，其中前者定义基本功能块可以提供的内置功能，后者描述事件输入、算法执行和事件输出之间的因果关系。

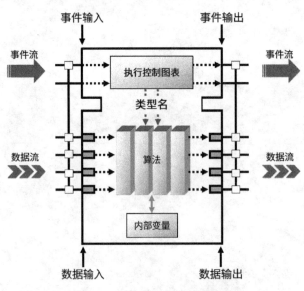

图 3-1　基本功能块结构示意图

与 IEC 61131-3 功能块不同，每个 IEC 61499 基本功能块可以含有 0 个或多个算法，每个算法应符合以下要求。

- 不能独立于基本功能块存在，在同一个基本功能块中具有唯一的名称。
- 可以读取所在基本功能块的输入、输出和内部变量，并更改输出和内部变量的值。
- 不可以访问任何在其所在基本功能块之外的数据，以确保功能块的独立性。
- 可以利用内部变量储存状态数据和算法结果，内部变量的值在功能块调用间保持不变。
- 可以单独使用任何一种高级编程语言编写，只要该语言的数据类型和变量与功能块的输入、输出以及内部变量存在明确的映射关系。
- 可以声明并使用临时变量，临时变量在每次算法调用时被初始化，在算法执行过程中可以被任意修改和使用。

由于每个算法的声明和定义都是相互独立的，为此 IEC 61499 标准提出执行控制图表，用以描述基本功能块在不同状态下算法的执行次序以及与输入/输出事件的因果关系，每个基本功能块都含有一个唯一的执行控制图表。如图 3-2 所示，执行控制图表是一种由以下元素构成的有限状态机。

- 执行控制状态（Execution Control State）：每一个执行控制状态代表基本功能块的一个行为状况，其中基本功能块初始化时所处的状态叫作执行控制初始状态（Execution Control Initial State）。
- 执行控制动作（Execution Control Action）：与执行控制状态相关联的元素，用以标识进入当前执行控制状态后将要执行的算法和该算法执行完成后所要发出的事件输出。
- 执行控制转变（Execution Control Transition）：定义从当前执行控制状态传递到下一个执行控制状态的条件。

借助执行控制图表这种易于理解的状态机表现形式，可以对基本功能块的执行状态进行明确描述，进而有效地降低算法编写的复杂度。

以图 3-2b 为例，该基本功能块包含 START、ISTATE、MAIN 以及 WAIT 四个执行控制状态，其中 START 作为执行控制初始状态用双线边框矩形加以区别。除却初始状态不与任何执行控制动作相关联外，每一个执行控制状态都可以与 0 个或多个执行控制动作相关联。执行控制动作由算法和事件输出两部分组成，虽然两部分皆为可选，但一般情况下每个执行控制状态都应与一个包含事件输出的执行控制动作相关联。执行动作的文本语法定义如下（文本语法将在 3.3.1 节中具体说明）：

执行控制动作 ::= 算法名称 |('->'事件输出)|(算法名称'->'事件输出)

如图 3-2c 所示，由于执行控制动作并没有被赋予标识符，因此它们按照由上到下的声明顺序依次执行。以执行控制状态 S_1 为例，其执行过程如下。

1）进入第一个执行控制动作 "ALG_1"，执行算法 ALG_1 后结束。
2）进入第二个执行控制动作 "->EO1"，发出 EO1 事件输出后结束。
3）进入第三个执行控制动作 "ALG_3->CNF"，在依次执行算法 ALG_3 和发出 CNF 事件输出后结束 S_1 的执行。

从图 3-2b 中可以看到 IALG、MALG 和 WALG 三个算法分别采用结构化文本、梯形图以及 Java 三种语言编写，可用于算法编写的编程语言取决于开发平台，IEC 61499 标准对此没有过多限制。另外，算法应该具有明确的初始状态从而能够与基本功能块一起被初始化，同时算法应为非阻塞性的且执行时长足够短的有限操作，以此保障不会阻断基本功能块接收新的事件输入。

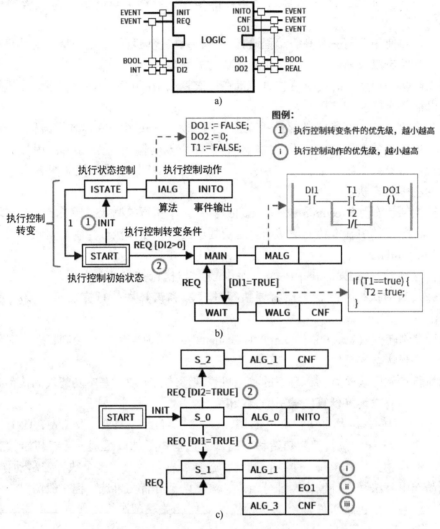

图 3-2 执行控制图表示例
a）外部接口　b）一种可能的 ECC　c）另一种可能的 ECC

执行控制状态之间的转换条件由执行控制转变定义，每个执行控制转变由起源状态、执行控制转变条件（Execution Control Transition Condition）以及结束状态三部分组成，其文本语法定义如下：

执行控制转变 ::= 执行控制状态 1'TO'执行控制状态 2';='执行控制转变条件';'

其中"执行控制状态 1"代表起源状态，"执行控制状态 2"代表结束状态，两者可以相同。执行控制转变同样没有被赋予标识符，但可以利用其文本语法进行识别。以图 3-2c 为例，"S_1 TO S_1 : = REQ;"指代图中在 S_1 执行控制状态下接收到 REQ 事件输入后的执行控制转变。执行控制转变条件可视为一个用于判断是否进行状态转变的布尔表达式[一]，当其值被判断为真时，其所在的执行控制转变才会被触发，即从起源状态跳转到结束状态。执行控制转变条件的文本语法定义如下[二]：

执行控制转变条件∷='1'|事件输入|'['保护条件']'|事件输入'['保护条件']'

可以看出，执行控制转变条件具有以下四种表达方式。
- 单个"1"：表示该转变条件始终为真，例如"ISTATE TO START : = 1;"。
- 单个事件输入：表示该转变条件需要被指定的事件输入触发，例如"START TO ISTATE : = INIT;"只有在接收到 INIT 事件输入时才会被触发。
- 单个保护条件（Guard Condition）：基于数据输入、数据输出、内部变量和常数的布尔表达式，例如"MAIN TO WAIT : = [DI1=TRUE];"表示只有当 DI1 数据输入为真值时才会被触发。
- 单个事件与单个保护条件的"逻辑与"组合：表示该转变条件需要同时满足两个条件，以"START TO MAIN : = REQ [DI1=TRUE];"为例，该执行控制转变只有在收到事件输入 REQ 的同时[DI1=TRUE]为真才会被触发。

另外，由于一个执行控制状态可以有多个传出执行控制转变，当它们同时被激活时，单纯从表面上看无法判断应该触发谁，因此为避免这种不确定性，每个执行控制转变都在创建时被赋予一个优先级，一般先创建的具有更高的优先级[三]。如图 3-2c 所示，执行控制转变"S_0 TO S_1 : = REQ [DI1=TRUE];"具有比"S_0 TO S_12 : = REQ [DI2=TRUE];"更高的优先级，因此即使"REQ [DI1=TRUE]"和"REQ [DI2=TRUE]"同时为真，仍只有"S_0 TO S_1 : = REQ [DI1=TRUE];"会被触发。需要注意的是 IEC 61499 标准并没有强制要求在图形上显示执行控制转变的优先级，是否提供显示和更改优先级的功能取决于具体的工具平台。

IEC 61499 标准将资源中基本功能块的执行定义为不中断的原子操作（Atomic Operation），在当前事件所触发的执行过程结束前，资源不能传入新的事件输入，因此需要一种明确的方法界定基本功能块每次执行的开始和结束。执行控制图表能够以有限状态机的形式精确描述基本功能块类型的所有状态，以及在各状态下事件输入、算法和事件输出的静态因果关系，但是执行控制图表无法完整体现基本功能块实例在事件驱动执行模式（见图 2-8）下的具体执行过程，为此 IEC 61499 标准提出表 3-1 中的执行控制图表运行状态机（Execution Control Chart Operation State Machine）以定义基本功能块实例执行过程中将经历的各个阶段，并限定每个阶段的起止。

　⊖ 遵循 IEC 61131-3 标准的定义。

　⊜ 在书写格式上，一些开发工具并没有使用完全符合 IEC 61499 标准定义的表达形式。

　⊜ 执行控制转变的优先级由其在文本规范中出现的先后顺序决定，先出现的具有更高的优先级。

表 3-1 执行控制图表运行状态机

执行控制图表运行状态机	状态	操作	
	S0	闲置	
	S1	评估执行控制转变[①],[④]	
	S2	实施执行控制动作[④],[⑤]	
	转变	触发条件	操作
	T1	一个事件输入发生[②]	采样数据输入[③],[④]
	T2	没有任何执行控制转变可发生	—
	T3	一个执行控制转变发生	—
	T4	执行控制动作全部完成	—

① 本操作应遵守以下规则。
   a. 在触发执行控制转变时应先停用它的起源状态后再激活结束状态。
   b. 依照优先级依次评估执行控制转变，第一个为"真"的执行控制转变将会被触发。
   c. 如果 S1 状态是经 T1 进入的，那么将只评估与当前事件输入相关联的执行控制转变，或者没有关联任何事件输入的执行控制转变。
   d. 如果 S1 状态是经 T4 进入的，那么将只评估没有关联任何事件输入的执行控制转变。
② 资源应确保在任何给定的时刻都不会触发一个以上的事件输入，同时应具有相应机制避免事件的过载并保障事件的正确传递。
③ 本操作包括采样与当前事件输入相关联的所有数据输入，并在采样后对所有数据输入进行缓存。
④ 从 T1 到 T2 之间的所有操作都应作为关键区域执行，在此过程中功能块实例应被锁定。
⑤ 所有算法只使用已被缓存的数据输入的值。

    在基本功能块实例能够接收事件输入之前，其所在的资源会将它们一一初始化，包括重置各输入、输出和内部变量的值以及各算法的初始状态，并激活每个实例的执行控制初始状态，在完成初始化后所有实例都将处于表 3-1 中的闲置（S0）状态。下面将以图 3-2a、b 为例详细介绍基本功能块的执行过程。由于涉及"执行控制图表"和"执行控制图表运行状态机"两个状态机，因此会在表 3-2 中参照两者进行对比说明。

表 3-2 LOGIC 基本功能块执行过程分解示例

次序	操作及变化	执行控制图表运行状态机	执行控制图表
1	基本功能块实例被其所在资源初始化	进入 S0 状态	进入 START 状态
2	基本功能块实例接收到事件输入 INIT，采样所有相关联的数据输入，即 DI1 和 DI2	经 T1 转变进入 S1 状态	处于 START 状态
3	根据优先级依次评估所在执行控制状态的传出执行控制转变，即"START TO ISTATE := INIT;""START TO MAIN := REQ [DI2>0];"	处于 S1 状态	处于 START 状态
4	通过第一个被判断为"真"的执行控制转变转换到下一个执行控制状态，即"START TO ISTATE := INIT;"	经 T3 转变进入 S2 状态	经"START TO ISTATE := INIT;"进入 ISTATE 状态
5	开始按次序执行与 ISTATE 关联的所有执行控制动作，第一个为"IALG->INITO"	处于 S2 状态	处于 ISTATE 状态
6	完成与 ISTATE 关联的最后一个执行控制动作，即"IALG->INITO"	经 T4 转变进入 S1 状态	处于 ISTATE 状态
7	根据优先级依次评估所在执行控制状态的不含有事件输入的传出执行控制转变，即"ISTATE TO START := 1;"	处于 S1 状态	处于 ISTATE 状态

次序	操作及变化	执行控制图表运行状态机	执行控制图表
8	通过第一个被判断为"真"的执行控制转变转换到下一个执行控制状态，即"ISTATE TO START ：= 1；"	经 T3 转变进入 S2 状态	经"ISTATE TO START ：= 1；"进入 START 状态
9	由于没有与 START 相关联的执行控制动作，无需执行任何执行控制动作	经 T4 转变进入 S1 状态	处于 START 状态
10	根据优先级依次评估所在执行控制状态的传出执行控制转变，由于是经 T4 进入 S1 状态，因此只评估没有关联任何事件输入的执行控制转变，即无	处于 S1 状态	处于 START 状态
11	没有能够被触发的执行控制转变，结束本次由 INIT 触发的执行过程	通过 T2 转变进入 S0 状态	处于 START 状态

设计执行控制图表的两个难点在于理解事件输入的生命周期以及不包含事件输入的执行控制转变条件的触发问题。以图 3-3 为例，该基本功能块被初始化后依次收到三个事件输入。

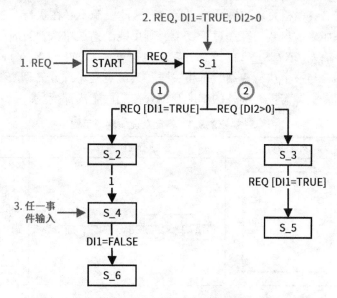

图 3-3　事件输入生命周期及执行控制转变条件示例

1）REQ。

① 评估后触发唯一的执行控制转变"START TO S_1 ：= REQ"。

② 无需执行任何执行控制动作。

③ 没有不包含事件输入的执行控制转变。

④ 没有可触发的执行控制转变，在执行控制状态 S_1 处结束本次执行过程。

2）REQ，DI1 = TRUE，DI2>0。

① 评估第一个执行控制转变"S_1 TO S_2 ：= REQ［DI1 = TRUE］"，若其值为"真"，则直接触发转变到 S_2。

② 无需执行任何执行控制动作。

③ 具有不包含事件输入的执行控制转变："S_1 TO S_2 ：= 1"，若其值为"真"，则直接触发转变到 S_4。

④ 继续评估"S_4 TO S_6 := [DI1 = FALSE]"，由于 DI1 的值为"真"，因此没有可以进一步触发的执行控制转变，在执行控制状态 S_4 处结束本次执行过程。

3）任一事件输入：在 S_4 执行控制状态下，任何接收到的事件输入都将触发执行控制转变"S_4 TO S_6 := [DI1 = FALSE]"的评估，如果评估为"真"，则跳转至 S_6，否则依然停留在 S_4 并结束本次执行过程。

一般来说，在基本功能块中一个事件输入只会被使用一次，不包含事件输入的执行控制转变条件的评估可以被任何事件输入触发。

IEC 61499 标准并没有限制执行控制图表的设计风格，一种思路是将控制逻辑完整封装到几个主要的执行控制状态中，从而使整个控制流程更为直观；另一种设计思路是以状态机为主，在详细的状态描述基础上降低算法复杂度。下面将以基本功能块 X2_S_Y2 为例，介绍两种风格的设计方法以及它们的执行过程。如表 3-3 所示，X2_S_Y2 主要用于求解数据输入 X 和 Y 的平方差，即 OUT := $X^2 - Y^2$，在接收到事件输入 REQ 后其交互过程由服务序列图$^\ominus$描述。X2_S_Y2 的第一种实现只包含 START 和 CALC 两个主要的执行控制状态，并将完整的算法封入与 CALC 相关联的执行控制行动，因此资源不必在执行控制转变上投入过多的调度开销，但是如果被封装的算法过于复杂，则可能会造成单次执行时间过长使得资源来不及处理后续事件输入。X2_S_Y2 的第二种实现是把算法 OUT := (X-Y)×(X+Y) 拆分为三部分后，将每一部分与一个执行控制状态相关联，其优点是每部分的算法都可以很简单且便于维护，而弊端则是资源需投入额外的调度开销并占用两个内部变量。

表 3-3 X2_S_Y2 基础功能块实现示例

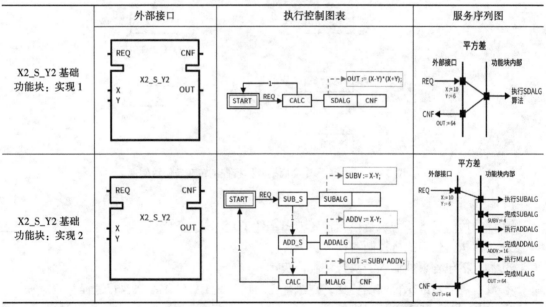

当然，上述 X2_S_Y2 例子的算法过于简单且拆分方式略显极端，但很好地示意了两种设计风格的主要差异和优劣。两者主要的抉择点应根据实际项目的需要进行判断，并从开发和维护的难易度、需要实现的功能以及期望达到的性能等多个维度综合考量。

$\ominus$ 服务序列图将在 3.1.3 节详细介绍。

以 2.5 节中的红绿灯控制模块 Traffic_Basic 为例，图 3-4 展示了此功能块外部接口以及执行控制图表设计。状态机设计分为四个状态，分别是等待状态 START，初始化状态 INIT

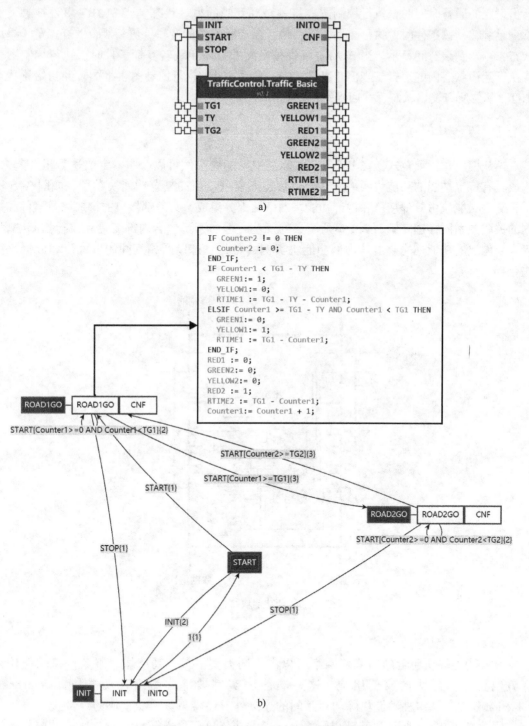

图 3-4　红绿灯控制基础功能块设计示意图

a）外部接口　b）执行控制图表

（用来写入初始化参数），以及两个互锁的运行状态 ROAD1GO 以及 ROAD2GO。当前时间小于设定的通行时间时，执行控制图表将保持在当前运行状态中，并更新剩余时间。当前时间超出设定的通行时间时，执行控制图表将跳转到互锁的另一状态。当 START 事件被触发但不满足跳转互锁条件时，执行控制图表将执行当前状态内的逻辑，更新所有的红、黄、绿灯状态，以及剩余时间显示。当 START 事件被触发并且满足跳转互锁条件时，执行控制图表将执行互锁状态内的逻辑。当停止事件 STOP 被触发时，执行控制图表将跳转到初始化状态INIT，复位所有输出状态，并回到等待状态 START。

3.1.2 复合功能块

遵从模块化设计范式，在 IEC 61499 标准中功能块实例可以按照一定的逻辑组合起来，构成具有特定功能的功能块网络，并通过封装形成可复用的复合功能块类型。如图 3-5 所示，复合功能块由外部接口和内部功能块网络两部分组成，其外部接口的构成以及事件和数据的关联关系同样遵守第 2.2.1 节所定义的规范，但由于不包含内部变量和执行控制图表，复合功能块的功能性完全由其内部功能块实例的行为状态以及相互间的事件流和数据流所决定。

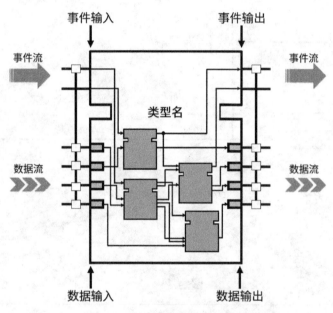

图 3-5　复合功能块结构示意图

1. 复合功能块内部结构

复合功能块所包含的功能块网络可以由不同类型的基本功能块、服务接口功能块以及其他复合功能块的实例组成，这些功能块实例被统称为组件功能块（Component Function Block）。组件功能块除却相互间的连接外，还需与复合功能块的外部接口进行交互，因此在图 2-12 所示的基础规则之上，组件功能块还需遵循如表 3-4 所列的内部连接规则。

表 3-4 复合功能块内部连接规则

合法的事件连接				
	复合功能块 事件输入	复合功能块 事件输出	组件功能块 事件输入	组件功能块 事件输出
复合功能块事件输入	×	√	√	×
复合功能块事件输出	√	×	×	√
组件功能块事件输入	√	×	×	√
组件功能块事件输出	×	√	√	×
合法的数据连接				
	复合功能块 数据输入	复合功能块 数据输出	组件功能块 数据输入	组件功能块 数据输出
复合功能块数据输入	×	√	√	×
复合功能块数据输出	√	×	×	√
组件功能块数据输入	√	×	×	√
组件功能块数据输出	×	√	√	×

注：√表示合法连接，×表示非法连接。

如图 3-6 所示，从外部看，复合功能块的输入端是其他功能块信号的接收方，而输出端则为信号的发送方。但是在复合功能块的内部，其输入端则变为组件功能块的事件和数据信号来源，即信号的发送方，因此可以与作为信号接收方的组件功能块的事件和数据输入相连接；同理，在复合功能块内部其输出端变为信号的接收方，可以与其他组件功能块的事件和数据输出相连。IEC 61499 标准并没有规定所有组件功能块的输入和输出都必须一一相连。

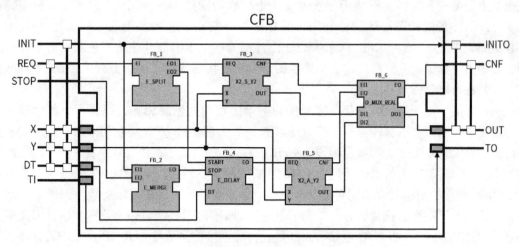

图 3-6 复合功能块示例[⊖]

受限于 IEC 61499 标准的规定事件连接只能是一对一的，当需要将一个事件源发送给多个接收方或者将多个事件源合并到一个接收方时，就需要借助表 3-5 中所展示的事件分割

⊖ X2_A_Y2 功能块内部结构与 X2_S_Y2 类似，主要差别为执行OUT ：= X² +Y²算法。

（E_SPLIT）和事件合并（E_MERGE）功能块[⊖]。

表 3-5　事件分割和合并功能块

功能块	外部接口	内置功能	描述说明
事件分割 （E_SPLIT）			在接收到事件输入 EI 后依次发出从 EO1、EO2 到 EOn 的事件输出
事件合并 （E_MERGE）			将多个事件输入合并为一个事件输出，即 EI1、EI2 到 EIn 上任一事件输入的接收都将导致事件输出 EO 的发生

　　如图 3-6 所示，事件分割功能块实例 FB_1 将一个 CFB.REQ 事件输入信号转变为两个事件输出信号 FB_1.EO1 和 FB_1.EO2，并将它们依次发送到 FB_3.REQ 和 FB_4.START；另一方面，事件合并功能块实例 FB_2 将两个事件输入信号 CFB.INIT 和 CFB.STOP 合并为一个事件输出信号 FB_2.EO，并将后者发送给 FB_4.STOP。由于在功能块网络的设计过程中会频繁遇到事件分割和合并的情况，大量使用 E_SPLIT 和 E_MERGE 实例会让功能块网络在视觉上显得过于臃肿，不利于开发者专注于核心功能的开发，因此 IEC 61499 标准提出图 3-7a、b 中的两种图形速记符号用以简化事件分割和合并的图形表示。以图 3-6 中的 CFB.INIT-CFB.INIT0 与 CFB.INIT-FB2_EI1 连接为例，本书额外使用黑色圆点对事件分割和合并的图形速记符号进行标注，从而在图形上与连接的普通重叠区分开来，IEC 61499 标准对此并没有做出强制要求。

　　另一方面，由于每个数据接收方只能与一个固定的数据源相连，因此可以使用表 3-6 中的复用器在多个数据源间进行切换。还以图 3-6 为例，FB_6 在接收到来自 FB_3.CNF 的事件后会将 FB_3.OUT 上的数据传递给 CFB.OUT，反之 FB_6 在接收到来自 FB_5.CNF 的事件后会将 FB_5.OUT 上的数据传递给 CFB.OUT。最后值得注意的是数据输入 CFB.TI，根据 IEC 61499 标准，对于复合功能块上没有与任何事件端相关联的数据端所接收到的数据都将被直接传递到下一个数据接收方（如果有的话），而不再为其创建一个数据变量，因此依据 CFB.TI-CFB.TO 连接 CFB.TI 上接收到的数据将被直接传递到与 CFB.TO 连接的数据端。如果 CFB.TO 与任一事件输出相关联，那么只有当该事件被触发时 CFB.TO 上的数据才会被发送。

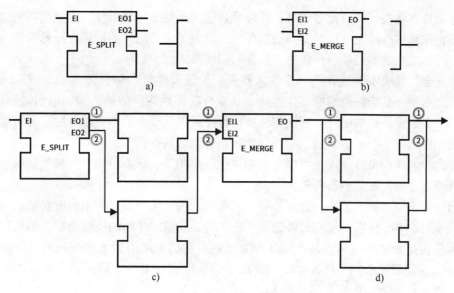

图 3-7 图形速记符号：事件分割和合并

a) 事件分割 b) 事件合并 c) 完整示例 d) 速记符示例

表 3-6 整数复用器功能块

功能块	外部接口	内置功能	描述说明	算 法
整数复用器（D_MUX_REAL）			根据接收到的事件输入（EI1、EI2 … EIn），将相应数据输入（DI1、DI2 … DIn）上的值赋予数据输出 DO1 后发出事件输出 EO 注：在实际应用中针对不同的 n 值将会有多个功能块实现	ALG1 ALGORITHM ALG1 IN ST:DO1 : = DI1; END_ALGORITHM ALG2 ALGORITHM ALG2 IN ST:DO1 : = DI2; END_ALGORITHM … ALGn ALGORITHM ALGn IN ST:DO1 : = DIn; END_ALGORITHM

2. 复合功能块实例的初始化和执行模式

复合功能块实例的初始化分为外部接口和内部功能块网络两部分，前者符合第 2.2.1 节里的规定，后者按照一定顺序（例如实例的声明次序，具体规则取决于功能块的运行环境）依次完成各组件功能块的初始化：如果实例类型是基本功能块则按照第 3.1.1 节对其输入、输出、内部变量、算法和执行控制图表进行初始化，如果实例类型是复合功能块，则进一步对其外部接口和内部功能块网络进行初始化。

复合功能块实例的执行同样遵守图 2-8 所定义的事件驱动模式，其主要特征在于内置功能即组件功能块网络的执行规则，如下所示。

- 复合功能块实例的执行过程可以看作是其接收到的事件在组件功能块网络中的传播过程，在该执行过程中将触发哪些组件功能块由复合功能块实例接收到的事件决定，而组件功能块的执行顺序则取决于资源的调度模式。
- 在复合功能块实例接收到一个输入事件后，该事件将以事件链（Event Chain）的方式，沿组件功能块网络的事件连接，从复合功能块实例的输入端向输出端逐步传播，每一个沿途经过的组件功能块都将被执行并可以发出新的事件以触发下游的组件功能块，而其他不在该事件链上的组件功能块都不会被执行。
- 复合功能块的事件输入也可以直接与事件输出相连，该事件输入上接收到的事件会直接传递并触发相应的事件输出。
- 当输入事件所触发的事件链终止时，复合功能块实例完成其当前内置功能的执行。

由于 IEC 61499 标准并没有对资源调度功能的实现做出详细的硬性规定，因此可以出现不同的调度模式。以图 3-8 为例，假设 CFB 所在资源的调度模式为先进先出（First In First Out，FIFO），即资源按照事件发生的先后顺序将它们储存进一个队列里，然后根据先进先出的原则逐一传递队列里的事件，那么：

- 当接收到 INIT 事件输入时：依照事件连接优先级，资源首先安排执行事件链 CFB. INIT-CFB. INITO⊖，然后再安排执行事件链 CFB. INIT-FB_2. EI1-FB_2. EO-FB_4. STOP，最终止于 FB_4 功能块实例。
- 当接收到 REQ 事件输入时：首先安排执行事件链 CFB. REQ-FB_1. EI-FB_1. EO1-FB_3. REQ-FB_3. CNF-FB_6. EI1-FB_6. EO-CFB. CNF，然后再执行事件链 CFB. REQ-FB_1. EI-FB_1. EO2-FB_4. START，此处 FB_4 先后发出 FB_4. EO-FB_5. REQ-FB_5. CNF-FB_6. EI2-FB_6. EO-CFB. CNF 事件链；以及，无限循环的 FB_4. EO-FB_4. START-FB_4. EO 事件链。

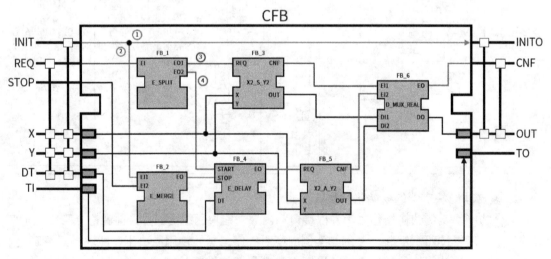

图 3-8　复合功能块实例执行示例⊜

⊖　由于图形速记符号的使用，此处对事件连接的描述直接忽略中间的 E_SPLIT 功能块。
⊜　圆圈内数字指示相关事件连接的优先级。

对于这种带有事件循环的复合功能块，IEC 61499 标准并没有明确给出如何界定其执行终止或断点的条件和方法，因此这成为资源调度策略的一个分歧点，有可能导致相同的复合功能块在不同的运行环境下有不同的执行结果。

3.1.3 服务接口功能块

IEC 61499 标准旨在让开发者能够专注于应用逻辑的设计而无需过多地关注底层硬件功能的实现，但是一个完整的自动化应用必定需要与硬件设备进行包括传感参数读取、执行命令发送、运行状态显示和过程数据存储等在内的各种交互。因此在以功能块作为基本构筑单元的框架下，IEC 61499 标准提出服务接口功能块（Service Interface Function Block）这一概念，将硬件系统的功能抽象为软件服务并以功能块的形式进行封装，从而实现功能块应用与硬件资源的对接。服务接口功能块的开发需要深入了解硬件的底层细节，因此通常情况下它们大多随硬件一起由厂商提供和维护。服务接口功能块所能提供的服务在定义后应始终保持一致，但是该服务的实现方式可随底层系统的不同而改变，因此 IEC 61499 标准只对服务接口功能块的外部接口做出规范。如图 3-9 所示，服务接口功能块的类型名应反映其提供的服务，其外部接口的构成与其他功能块形态保持一致。

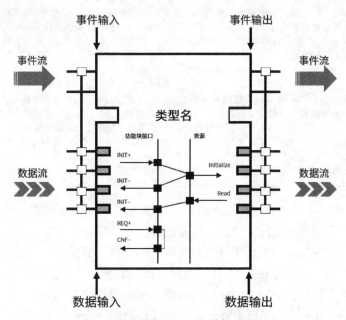

图 3-9　服务接口功能块结构示意图

鉴于服务接口功能块的特殊用途和跨厂商传播的需要，IEC 61499 标准对建议使用在服务接口功能块上的输入和输出端的命名和语义进行规范，以减少因歧义而导致的误用并提升可移植性。同时 IEC 61499 标准利用服务序列图（Service Sequence Diagram）中一系列的服务原语（Service Primitive）定义控制应用和硬件资源之间的交互过程，进而模型化服务接口功能块所能提供的服务及其流程。表 3-7 整理并列明推荐使用的服务接口功能块的标准输入和输出端口以及它们的语义，并在图 3-10 中对它们进行示例。

表 3-7　服务接口功能块的标准输入和输出

	输　入	输　出
事件端	INIT 此事件输入应被映射到一个请求原语，该原语请求初始化功能块实例将提供的服务，例如建立通信连接，并且可与多个数据输入关联以表征所提供服务的类型	INITO 此事件输出应被映射到一个确认原语，该原语指示一个服务初始化过程的完成，而服务初始化的成功与否由关联的 STATUS 数据输出反映
	REQ 此事件输入应被映射到功能块实例所提供服务的一个请求原语，例如可用于发起从外部获取数据的请求	CNF 此事件输出应被映射到功能块实例所提供服务的一个确认原语，例如可用于指示对外请求已完成传输
	RSP 此事件输入应被映射到功能块实例所提供服务的一个响应原语，例如可用于发起响应外部请求的传输	IND 此事件输出应被映射到功能块实例所提供服务的一个指示原语，例如可用于指示已收到外部回应
数据端	QI：BOOL 此数据输入代表映射到事件输入的服务原语上的一个限定符（Qualifier）。以 INIT 为例，如果 QI 在该事件输入发生时为 TRUE，则请求初始化服务，如果为 FALSE，则请求终止服务	QO：BOOL 此数据输入代表映射到事件输出的服务原语上的一个限定符。以 INITO 为例，如果 QO 在该事件输出发生时为 TRUE，则表示初始化服务已成功，如果为 FALSE，则表示初始化服务不成功
	PARAMS：ANY 此数据输入通常以结构化数据的形式提供一个或多个与服务相关的参数，服务接口功能块类型应定义这一数据输入的类型和默认初始值。此数据输入仅与 INIT 事件一起用于初始化服务接口功能块	STATUS：ANY 此数据输出提供有关服务完成状态的额外信息，例如因为什么原因所提供的服务初始化失败，又如出于何种缘故所请求的服务无法响应等。服务接口功能块类型应定义这一数据输出的类型和默认初始值
	SD_1，…，SD_m：ANY 这些数据输入包含与请求和响应原语相关的数据，并随相关联的事件输入一起传输，其数量、类型以及默认值取决于服务接口功能块所提供的具体服务。以请求人机界面显示为例，这些数据输入将包含随 REQ 事件一起发送以显示的数值。服务接口功能块类型可以为这些数据输入定义其他名称	RD_1，…，RD_n：ANY 这些数据输出包含与确认和指示原语相关的数据，并随相关联的事件输出一起传输，其数量、类型以及默认值取决于服务接口功能块所提供的具体服务。以数据读取确认为例，这些数据输出将包含已读取的数值并随 CNF 事件一起发送。服务接口功能块类型可以为这些数据输出定义其他名称

如图 3-10 所示，在 IEC 61499 标准的设定中服务有三种交互模式：由应用发起的与资源的交互，由资源发起的与应用的交互，以及服务接口功能块间的交互。这些交互模式并不互斥，例如在同一服务接口功能块中某些服务既可提供由资源发起的交互，又可提供由应用发起的交互。图 3-10 中的 REQUESTER 和 RESPONDER 皆为用于展示的服务接口功能块模板，在实际使用中它们的数据输入和输出都需要具有明确的类型和数量。

在应用发起的交互中，以 REQUESTER 服务接口功能块为例，其交互流程如下。

1）应用 A 中的组件（例如功能块或子应用）发出特定的事件和数据信号组合请求 REQUESTER 提供相应服务，例如读取特定传感器数据。

2）REQUESTER 请求底层资源执行相关服务。

3）底层资源执行相关服务并返回结果，例如获取相关传感器所在物理地址的读数。

4）REQUESTER 将服务执行结果以特定的事件和数据信号组合的形式返还给应用 A 的相关组件后结束本次交互。

在资源发起的交互中，以 RESPONDER 服务接口功能块为例，其交互流程如下。

1）底层资源向 RESPONDER 发出服务请求，例如通信网络通知应用 B 准备接收数据。

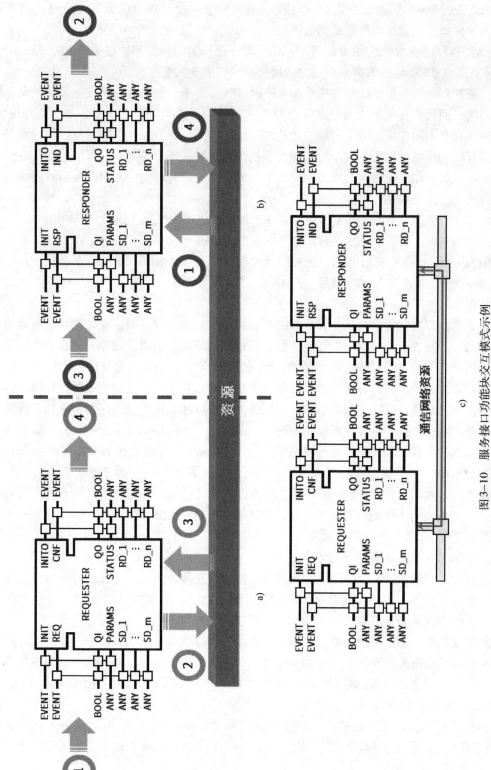

图3-10 服务接口功能块交互模式示例

a) 应用发起的与资源的交互   b) 资源发起的与应用的交互   c) 服务接口功能块间的交互

2）RESPONDER 将接收到的请求以特定的事件和数据信号组合的方式发送给应用 B 的相关组件，例如将从通信网络收到的数据发送给相应的功能块。

3）RESPONDER 收到应用 B 组件的反馈，即一组特定的事件和数据信号组合。

4）RESPONDER 将反馈结果返回给底层资源后结束本次交互。

在上面的两个例子里 REQUESTER 和 RESPONDER 都单独与资源进行交互，只是交互的发起方不同，而另一种常见的交互发生在两个一对的服务接口功能块之间。如图 3-10c 所示，存在于两个不同应用上的服务接口功能块 REQUESTER 和 RESPONDER 可以通过服务进行双向交互，如果将它们看作两个用于接发数据的通信服务接口功能块，可以推断出它们之间的交互必须通过同一通信网络资源来完成，因此可以通过忽略这一对服务接口功能块与资源的交互部分来简化描述，例如：

- REQUESTER 在收到应用 A 中相应组件的请求后将相关数据发送给 RESPONDER。
- RESPONDER 将接收到的数据发给应用 B 的相应组件。
- RESPONDER 收到应用 B 相应组件的反馈后将其发回给 REQUESTER。
- 在收到 RESPONDER 的反馈后，REQUESTER 将其转发给应用 A 的相应组件并结束本次交互。

由于服务接口功能块的内部实现细节并不直接对外公布，这一封装特性能够有效地防止源代码等知识产权在传播过程中的泄露，但也造成仅从外部接口以及功能块类型名无法完全判断它们的交互模式以及服务过程的问题。因此 IEC 61499 标准提出服务序列图用以描述功能块的动态行为并规定其外部接口的正确使用方法，例如在接收到何种顺序的事件输入和哪些数据输入后该服务接口功能块将提供什么服务并触发哪些输出。服务序列图来源于国际标准化组织技术报告 ISO/TR 8509 里定义的时间序列图（Time-Sequence Diagram），后者多用于展示通信标准中各类事件和消息的发生顺序，IEC 61499 标准将其拓展后用于可视化在功能块交互过程中各输入/输出的时序关系。针对任一功能块类型（包括基本、复合和服务接口功能块形态以及适配器接口⊖）的不同应用场景，可以选择性地创建多个服务序列图对该功能块类型的不同用法分别进行描述，这也意味着并不是所有功能块类型都必须拥有一个服务序列图。如图 3-11 所示，每个服务序列图都应包含以下几项。

- 一个序列名：用以标识该服务序列。
- 一组分隔竖线：用以区隔进行交互的双方，一般左侧为交互发起方，右侧为接收方。
- 按照一定执行顺序排列的服务事务：服务事务应依据从上往下的时间递增方向依次排列，每个服务事务将顺序相关的服务原语连接在一起以描述一次交互过程。
- 构成服务事务的所有服务原语：服务原语是一种抽象表示方法，用于描述交互过程中的节点，在服务序列图中显示为：以"事件输入或输出名"与可选的"+或-"及可选的"相关数据"的组合形式，例如 INIT+（PARAMS：= 100）和 REQ+（SD_1：= 100）⊖标注的横向箭头，其中事件输入后的"+和-"对应数据输入 QI 的"真值（TRUE）和假值（FALSE）"，事件输出后的"+和-"对应数据输出 QO 的"真值（TRUE）和假值（FALSE）"，如果 QI 或 QO 不存在，则事件输入或输出后不跟+或

⊖ 适配器接口将在第 4.1.2 节介绍。

⊜ 描述服务原语的文本描述规范请查阅 IEC 61499 标准附录 F。

—；或以单纯"文字描述"的形式，例如初始化( )，标注的横向箭头。

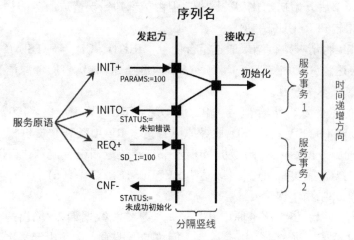

图 3-11　服务序列图结构示意

取决于实际需求和使用习惯，同一个交互过程可以采用不同繁简度的服务事务来描述。以初始化请求为例，图 3-12 中的三个服务事务所表达的核心效果一致，只是侧重点不同，如下所示。

- 精简版：专注于描述服务接口功能块一侧的信号收发过程。
- 普通版：描述交互过程中双方的关键行动点，本例中由于资源的初始化过程不是主要关注点，所以将其简化为一个行动点。
- 详细版：按照实际表达需求描述交互双方的行动点。

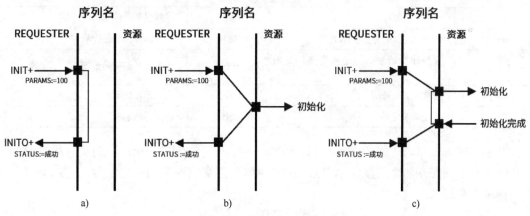

图 3-12　等效服务序列图示例
a) 精简版　b) 普通版　c) 详细版

服务序列图的解读次序与时间递增的方向一致，如果将图 3-11 视为图 3-10 中 REQUESTER 服务接口功能块的一个包含两个由应用发起的服务事务的服务序列图，其解读应如下所示。

- REQUESTER 在收到应用中其他组件发来的"INIT、QI：= TRUE 及 PARAMS：= 100"组合信号（表达为 REQUESTER. INIT+（PARAMS：= 100）服务原语）后，向底层资源

发起初始化服务的请求，即"初始化"服务原语。

- 资源收到请求后开始初始化相关服务，但由于未知错误造成服务的初始化不成功，资源将此结果告知 REQUESTER。
- REQUESTER 将请求执行结果通过组合信号"INITO、QO：=FALSE 及 STATUS：=未知错误"（表达为 REQUESTER.INITO-（STATUS：=未知错误）服务原语）发回给交互发起方，并结束本次交互。
- 应用中其他组件发出组合信号"REQ、QI：=TRUE 及 SD_1：=100"（表达为 RE-QUESTER.REQ+（SD_1：=100）服务原语）请求 REQUESTER 提供相应服务。
- 由于之前的服务初始化并未成功，REQUESTER 遂返回组合信号"CNF、QO：=FALSE 及 STATUS：=未成功初始化"（表达为 REQUESTER.CNF-（STATUS：=未成功初始化）服务原语）并结束本次交互⊖。

从上面的例子可以看出，服务原语其实是一种事件和数据输入/输出的有序组合，为方便解读 IEC 61499 标准，进一步为服务接口功能块的标准输入和输出定义出表 3-8 的服务原语及其语义，它们的分类如下。

- 请求原语：INIT+、INIT-、REQ+、REQ-。
- 确认原语：INITO+、INITO-、CNF+、CNF-。
- 响应原语：RSP+、RSP-。
- 指示原语：IND+、IND-。

表 3-8 服务原语及其语义

服务原语	语义	服务原语	语义
INIT+	请求建立服务	CNF+	服务的正常确认
INIT-	请求终止服务	CNF-	异常服务条件的指示
INITO+	已建立正常服务的指示	IND+	正常服务到达的指示
INITO-	服务建立请求的拒绝或服务终止的指示	IND-	异常服务条件的指示
REQ+	正常请求服务	RSP+	应用正常响应
REQ-	禁止请求服务	RSP-	应用异常响应

基于上述服务原语，图 3-13a、b 以 REQUESTER 和 RESPONDER 为例从应用发起的交互及资源发起的交互两个角度展示 IEC 61499 标准所定义的服务初始化、数据传送和服务终止的标准服务序列。

图 3-13 还列举出以下一些常用的服务序列。

- 单独原语：如图 3-13c 所示，服务事务可以不包含用于反馈的服务原语。
- 多重原语：含有单个服务原语的服务事务可以用于描述按次序发生的多重事件输入或输出。以图 3-13d 为例，事件输出 EO1 只有在依次收到事件输入 EI1、EI2、EI1 后才会被触发。
- 集合（Rendezvous）：在一些交互过程中服务事务的发生次序无法提前预知或无关紧

⊖ 此处根据服务序列图对第二个服务事务的表达，对资源行动的描述部分进行省略处理。

要，交互的结果只取决于它们是否发生，此时可以使用腭化符"~"注明相关服务事务。以图3-13e为例，只有事件输入EI3和EI4都发生过一次后，事件输出EO2才会被触发，至于EI3和EI4以何种次序发生并不影响EO2的触发。

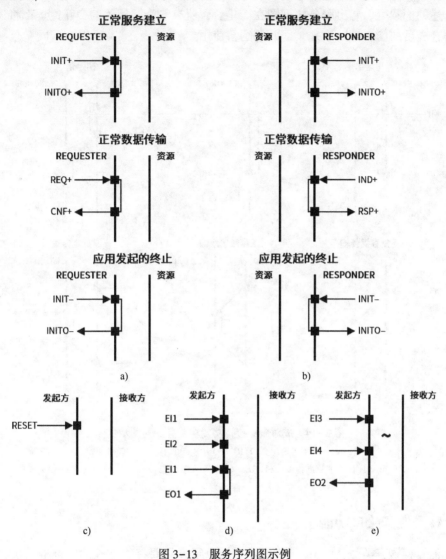

图 3-13 服务序列图示例

a) 应用发起的交互 b) 资源发起的交互 c) 复位 d) 多重事件输入 e) 集合

前文提到在描述成对服务接口功能块间的交互过程时可以省略资源部分，IEC 61499标准也对此提出简化服务序列图的方法，还以 REQUESTER 和 RESPONDER 为例，如下所示。

- 成对初始化：如图 3-14a、b 所示，由于 REQUESTER 和 RESPONDER 的初始化相互独立，因此它们的初始化服务事务可以通过直接合并形成图 3-14c，这里腭化符"~"的加入代表两个服务事务的发生次序并不重要。
- 成对正常数据传输：如图 3-14d、e 所示，由于 REQUESTER 和 RESPONDER 的正常数据传输服务事务具有一定的关联性，因此在合并时需要将相应的服务原语连接起来。这里需要特别注意的是，虽然图 3-14f 展示的合成结果中各服务原语都一一对应，但这并不意味着在所有情况下服务原语间都存在对等的因果关系（例如图 3-14 中的正常数据传输服务序列图），因此不能简单地依照与资源的交互部分来连接服务原语，而是需要完整地梳理两个服务接口功能块间的交互过程后做决定。

从上述的例子可以看出服务序列图在简化后，所有与资源相关的交互过程都将遗失并且无法根据合成后的信息推断出来，因此请酌情使用。

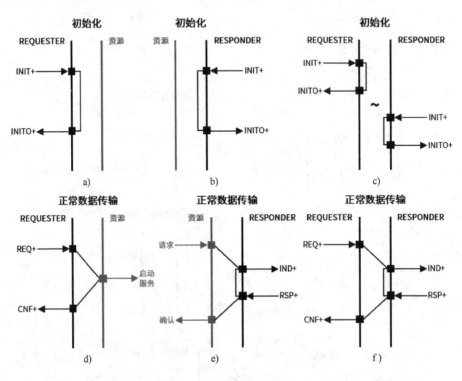

图 3-14　成对服务接口功能块服务序列图示例

a）REQUESTER 初始化　b）RESPONDER 初始化　c）成对初始化
d）REQUESTER 正常数据传输　e）RESPONDER 正常数据传输　f）成对正常数据传输

3.1.4　特殊服务接口功能块

与其他编程语言类似，IEC 61499 标准也涉及很多需要特殊处理的非标准情况，为了提供统一的应对机制并产生一致的处理结果，IEC 61499 标准为事件、通信和管理功能推荐标准化的功能块解决方案。

1. 通信功能块（Communication Function Block）

完善的通信功能是支撑分布式工业过程测量和控制系统正常运行的必备条件之一，为此 IEC 61499 标准提出一对多单向事务（Unidirectional Transaction）通信和一对一双向事务（Bidirectional Transaction）通信两种模式的通用服务接口功能块实现方法。首先，IEC 61499 标准在通用服务接口功能块模型上赋予通信功能块各输入和输出端额外的语义，见表 3-9 以及表 3-10。

表 3-9 通信功能块的数据输入和输出语义

数据输入	PARAMS	该数据输入提供与通信连接相关的参数，应包含识别通信协议和通信连接的方法，以及通信连接时间限制等其他参数
	SD_1，…，SD_m	这些数据输入包含当 REQ+ 或 RSP+ 服务原语发生时将要通过 PARAMS 所规定的通信连接传送的相应数据
数据输出	STATUS	该数据输出指示通信连接的状态，例如：通信连接的初始化、终止或数据传送的正常完成状态，或者通信连接在初始化、终止或数据传送过程中发生异常的原因
	RD_1，…，RD_n	包含当 IND+ 或 CNF+ 服务原语发生时将要通过 PARAMS 所规定的通信连接接收的相应数据

注：通信功能块类型可以为数据输入 SD_1，…，SD_m 和数据输出 RD_1，…，RD_n 定义其他名称，并定义它们之间的约束关系，例如端口编号和数据类型必须相匹配等。

表 3-10 通信功能块的服务原语及其语义

服务原语	语义	服务原语	语义
INIT+	请求建立通信链接	CNF+	正常确认数据传送
INIT-	请求释放通信连接	CNF-	指示数据传送异常
INITO+	指示通信连接建立	IND+	指示正常数据到达
INITO-	拒绝建立通信连接请求或指示通信连接释放	IND-	指示异常数据到达
REQ+	正常请求数据传送	RSP+	应用对数据到达的正常响应
REQ-	禁止请求数据传送	RSP-	应用对数据到达的异常响应

在此基础上，IEC 61499 标准提出 PUBLISH/SUBSCRIBE 以及 CLIENT/SERVER 两对通用通信功能块模板。如图 3-15 所示，PUBLISH 和 SUBSCRIBE 通信功能块主要用于一对多的单向通信，PUBLISH 通过特定通信协议将信息发布到通信网络上，多个 SUBSCRIBE 可以通过订阅同一个发布地址从而接收来自同一个 PUBLISH 的信息但不能回传信息给后者。这意味着 PUBLISH 和 SUBSCRIBE 相互独立，某一个 SUBSCRIBE 的添加和移除不会影响 PUBLISH 和其他 SUBSCRIBE。PUBLISH 和 SUBSCRIBE 间的正常通信流程如下。

1) 首先，PUBLISH 和 SUBSCRIBE 在收到各自应用发来的 INIT+(PARAMS) 信号后独立启动各自的初始化流程，包括：

- 连接到各自所在资源提供的网络服务。
- 通过 PARAMS 数据输入定义双方建立通信所需的各类参数，例如：预期的通信对象、将采用的通信协议和连接、可接受的服务质量、错误恢复责任的协定、安全方面的协定以及抽象语法的标识等。

由于 PUBLISH 和 SUBSCRIBE 双方初始化完成的先后次序取决于它们收到 INIT+(PARAMS) 信号的时间，这种不确定性有可能造成传输信息的遗失，例如 SUBSCRIBE 无法获得在其完成初始化之前 PUBLISH 发布的所有信息。

2) 在 PUBLISH 方面，在初始化成功后每当 PUBLISH 收到 REQ+(SD_1，…，SD_m) 信号，它将收集 SD_1，…，SD_m 端口上的数据，并根据 PARAMS 参数生成相应的消息发布到指定通信网络上，在成功传输消息后发送 CNF+(STATUS) 信号给其所在的应用并结束本次交互。

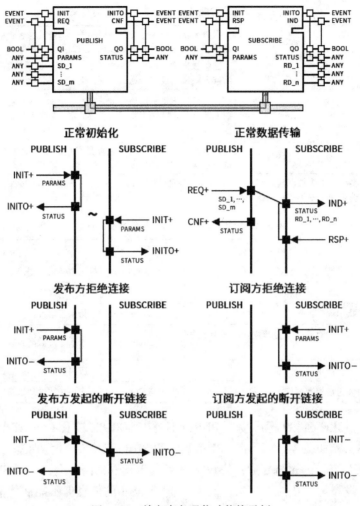

图 3-15　单向事务通信功能块示例

3）在 SUBSCRIBE 方面，在初始化成功后每当其收到来自通信网络的消息，它会将该消息转换为相应的数据，并通过 IND+(STATUS, RD_1, …, RD_n)信号发给其所在的应用，当收到对方的反馈信号 RSP+( )后结束本次交互。

这里值得注意的是，PUBLISH 所发布的 CNF+(STATUS) 信号并不与 SUBSCRIBE 发出的 IND+(STATUS, RD_1, …, RD_n)或 RSP+( )信号相连，这意味着前者并不是被后者触发的，它们之间没有任何关联。因此 PUBLISH 并不知道其发布的消息是否已被成功接收或处理，这也导致 PUBLISH 所在的应用只能通过 CNF+(STATUS) 获知数据已发布的状态信息。如果应用需要知道发布的信息是否已被接收则需要使用下文将介绍的一对一双向事务通信功能块 CLIENT 和 SERVER。

另一方面，IEC 61499 标准也为 PUBLISH 和 SUBSCRIBE 定义断开链接的服务序列，但是某些工具，如 FBDK，采用无连接协议 UDP（User Datagram Protocol）实现一对多单向通信，在这种情况下 PUBLISH 和 SUBSCRIBE 并不建立通信连接因而无需断开。

IEC 61499 标准提出 CLIENT 和 SERVER 通信功能块用以实现一对一的双向事务通信。如图 3-16 所示，与 PUBLISH/SUBSCRIBE 相比较，CLIENT/SERVER 有两点最大的不同：

一是后者只能进行点对点的双向通信，二是后者会确认数据是否被确切接收。CLIENT 和 SERVER 间的正常通信流程如下。

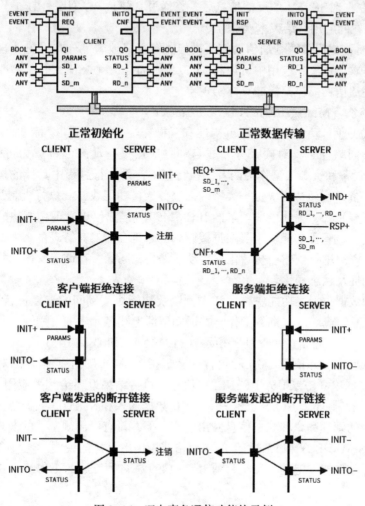

图 3-16　双向事务通信功能块示例

1) 首先，SERVER 的初始化流程与 PUBLISH/SUBSCRIBE 的保持一致，但是由于需要建立双向通道，因而 SERVER 的初始化必须在 CLIENT 开始初始化前完成。

2) 其后，当 CLIENT 收到来自其所在应用发来的 INIT+(PARAMS) 信号并完成相关配置后，它将根据 PARAMS 所含参数发送一个"注册( )"请求信号给 SERVER，在获得 SEVER 返回的成功注册信息后，CLIENT 将发送 INITO+(STATUS) 信号对外公布双向通信连接已建立。

3) 在完成初始化后：

● 每当 CLIENT 收到 REQ+(SD_1，…，SD_m)信号，它将先收集 SD_1，…，SD_m 端口上的数据，并根据 PARAMS 参数生成相应的消息，再将该消息沿已建立的通信连接发送到 SERVER 并等待后者的反馈。

● SERVER 在把收到的信息通过 IND+(STATUS，RD_1，…，RD_n)信号对外发布，并收

到其所在应用的反馈信号 RSP+(SD_1，…，SD_m)后，将原路通知 CLIENT 相关信息的处理结果并结束本次交互。

- CLIENT 在收到 SEVER 的反馈信息后，将通过 CNF+(STATUS，RD_1，…，RD_n)信号告知其所在的应用并结束本次交互。

IEC 61499 标准提出的两套通信功能块模板能够很好地满足分布式工业自动化系统在通信方面的共性需求，在实际应用中可以将 TCP/IP、MQTT 和 ASN.1 等成熟的通信协议和编码方式用于上述通信功能块模板的具体实现上。

2. 管理功能块（Management Function Block）

实现分布式工业自动化应用的可重构性和互操作性是 IEC 61499 标准设定的两大目标，两者的结合让不同软件工具对同一分布式自动化应用进行动态配置成为可能。为此，IEC 61499 标准提出设备和资源模型作为两者的执行基础，而执行过程中具体的操作和管理则交由管理功能块负责。管理功能块是一类特殊的服务接口功能块，其执行机制及运行模式很大程度上取决于底层硬件，因此当前版本的 IEC 61499 标准只给出管理功能块的通用外部接口和基本功能的定义。管理功能块主要根据接收到的管理命令对其管理的：

- 设备中的资源进行创建、初始化、启动、停止、删除、查询等操作，并通知设备各资源的可用性及状态变化。
- 资源中的数据类型、功能块类型和实例以及功能块实例间的连接进行创建、初始化、启动、停止、删除、查询等操作，并通知资源上述各元素的可用性及状态变化。

如图 3-17 中的"正常命令序列"所示：当 MANAGER 收到 REQ+(CMD，OBJECT) 信号后，它将请求底层资源根据 CMD 所包含的管理指令对 OBJECT 所指定的对象进行相关操作，最后再通过 CNF+(STATUS，RESULT) 信号将执行结果返还给相关应用。如表 3-11 和表 3-12 所列，第二版 IEC 61499 标准只对 CMD 数据输入和 STATUS 数据输出的赋值范围以及各数值所指代的管理命令和状态信息做出规定，但并没有给出规范性的实现机制，同时也没有对 PARAMS、OBJECT 和 RESULT 的内容格式做出更具体的说明。这种宽泛性给不同软件工具间的互操作造成一定的障碍，目前 IEC 61499 标准第三版的工作组正在着手解决这些遗留问题。

表 3-11　CMD 端的输入值和语义

赋　　值	命　　令	语　　义
0	CREATE	创建指定对象
1	DELETE	删除指定对象
2	START	启动指定对象
3	STOP	停止指定对象
4	READ	读取参数数据
5	WRITE	写入参数数据
6	KILL	使指定对象不可运行
7	QUERY	请求特定对象信息
8	RESET	重置指定对象

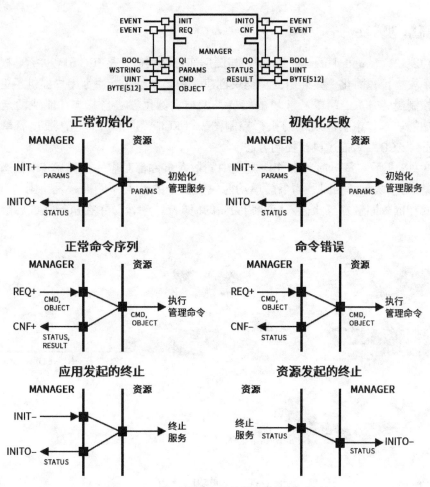

图3-17 管理功能块及其服务序列图示例

表3-12 STATUS端的输出值和语义

赋　值	状　态	语　义
0	RDY	无错误
1	BAD_PARAMS	无效的 PARAMS 输人值
2	LOCAL_TERMINATION	应用发起的终止
3	SYSTEM_TERMINATION	系统发起的终止
4	NOT_READY	管理功能块不能处理该命令
5	UNSUPPORTED_CMD	不支持请求的命令
6	UNSUPPORTED_TYPE	不支持请求的对象类型
7	NO_SUCH_OBJECT	被引用对象不存在
8	INVALID_OBJECT	无效的对象规范语法
9	INVALID_OPERATION	命令操作对指定对象无效
10	INVALID_STATE	命令操作对于当前对象状态无效
11	OVERFLOW	先前的事务仍然未决

3.1.5　简单功能块

简单功能块（Simple Function Block）与图形速记符类似，是 IEC 61499 标准提供的一种辅助设计手段，旨在简化一些通用的功能块创建流程。简单功能块为用户提供了更加快捷便利的执行控制封装方法。简单功能块的接口类型与实例化方法与基本功能块的定义保持一致。简单功能块对基本功能块中的执行控制图表（ECC）进行了简化，通过简单执行控制图表（Simple ECC）来描述执行控制方法。

如图 3-18 所示，每个简单功能块类型中的输入事件都对应一个简单 EC 状态，此简单 EC 状态名称与输入事件相同。如果简单功能块实例中的输入事件被触发，则与普通 EC 状态执行方式相同，即触发与此输入事件相关联的简单 EC 动作，并在执行完成后触发相应的输出事件。

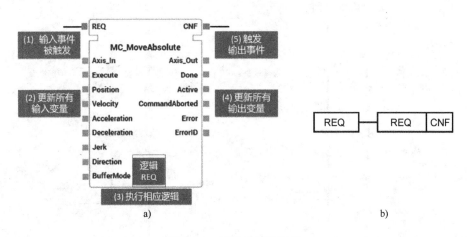

图 3-18　简单功能块示例

a）外部接口　b）简单执行控制图表

简单功能块在标准 XML 定义中使用 SimpleFB 作为标签与基本功能块区分，同样支持定义内部变量，并允许定义多个 EC 状态与逻辑算法。简单功能块适用于封装 IEC 61131-3 函数以及 PLCOpen 运动控制模块来简化此类功能块的设计。在 IEC 61499 即将发布的第三版中将提供简单功能块的定义。

3.2　事件功能块

IEC 61499 标准是一个基于事件驱动执行模式的功能块标准，因此在其应用的开发过程中时常需要以功能块的形式模拟分割、合并、选择、延迟等各种不同的事件行为。为了统一模拟事件行为时所需的常见操作，IEC 61499 标准提出一类专门用于处理事件的事件功能块（Event Function Block），这些功能块可用于模拟对事件的控制、生成和检测，它们可以是基本功能块或复合功能块，也可以以服务接口功能块的形式出现。除事件分割和事件合并功能块（见表 3-5）之外的标准事件功能块见表 3-13。

表 3-13 标准事件功能块 ⊖

功能块	外部接口	内置功能	描述说明
两个事件的会合 (E_REND)	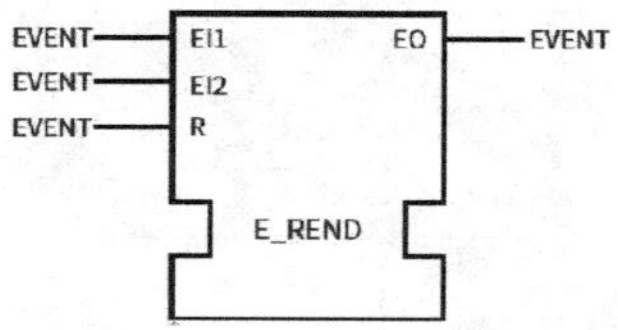	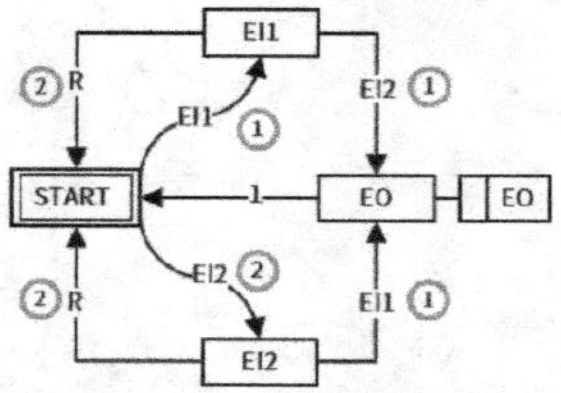	每当以任何顺序连续接收到事件输入 EI1 和 EI2 后发出事件输出 EO，在此过程中如果接收到事件输入 R 则重置当前接收过程
允许事件的传播 (E_PERMIT)	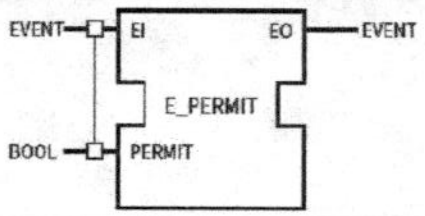	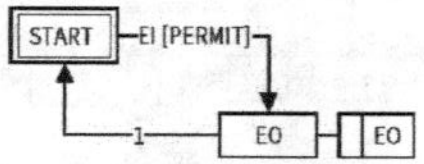	仅当数据输入 PERMIT 为"真"时，事件输入 EI 才能触发事件输出 EO
在两个事件之间选择 (E_SELECT)	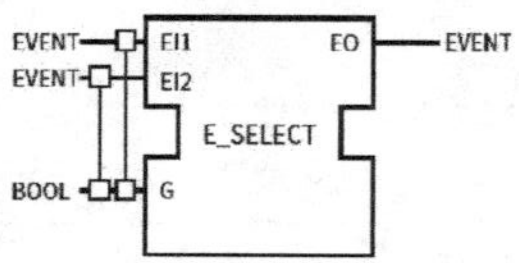	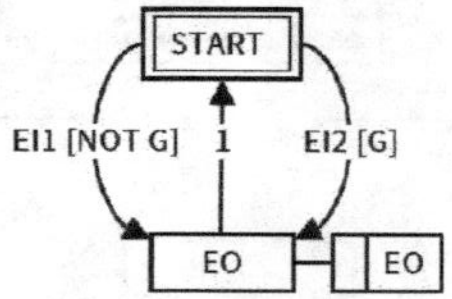	根据数据输入 G 的值将事件输入 EI1 或 EI2 上的事件信号传送到事件输出 EO
切换（多路分解）事件 (E_SWITCH)	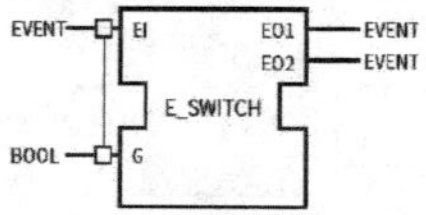	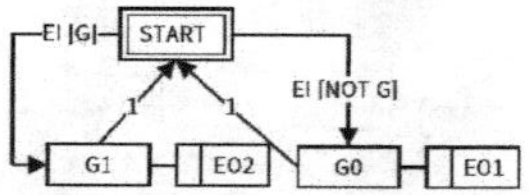	根据数据输入 G 的值将事件输入 EI 上的事件信号切换到事件输出 EO1 或 EO2
事件的延迟传播 (E_DELAY)	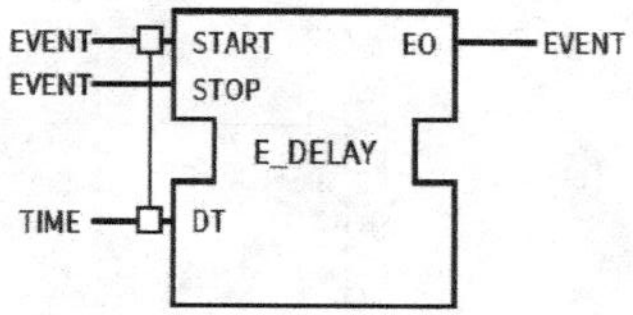	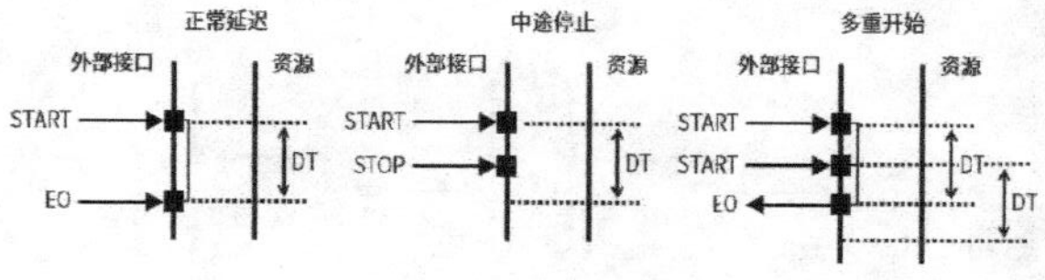	用于事件信号的延迟发送，在收到事件输入 START 后以数据输入 DT 所规定的时间单位延迟后事件输出 EO 的发送。事件输入 STOP 会取消任何当前正在被延迟发送的 START 事件并且不会触发 EO。由于 E_DELAY 不缓存存事件输入，所以如果在被收到一个 START 事件后的 DT 时间段内再接收到 START 事件，这些后续的 START 事件都将无法触发 EO。 注：DT 必须大于 T#0s 否则无法触发 EO。

⊖ 为更好地展示，本章对 IEC 61499 标准事件功能块中的一些名称和表现形式做了相应的调整和补充，同时也修正了 IEC 61499 第二版标准中的一些小错误。

57

功能块	外部接口	内置功能	描述说明
重启事件的产生（E_RESTART）	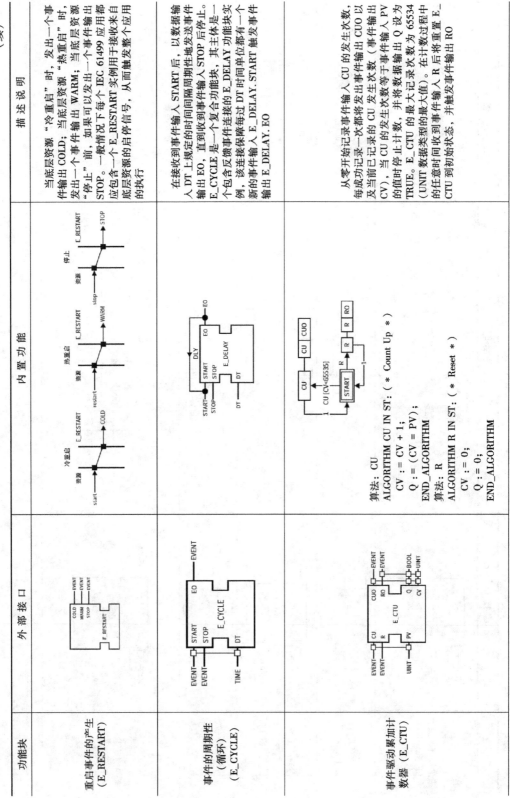		当底层资源"冷重启"时，发出一个事件输出COLD；当底层资源"热重启"时，发出一个事件输出WARM；当底层资源"停止"前，发出一个事件输出STOP。一般情况下每个IEC 61499实例用于接收来自底层资源的启停信号，从而触发整个应用的执行。应包含一个E_RESTART实例
事件的周期性（循环）（E_CYCLE）			在接收到事件输入START后，以数据DT上规定的时间周期性地发送事件输出EO，直到收到事件输入STOP后停止。E_CYCLE是一个复合功能块，其主体是一个包含反馈事件连接的E_DELAY功能块实例。该连接保障每过DT时间单位都有一个新的事件输入E_DELAY。START触发事件输出E_DELAY.EO
事件驱动累积计数器（E_CTU）		算法：CU ALGORITHM CU IN ST: (* Count Up *) CV := CV + 1; Q := (CV = PV); END_ALGORITHM 算法：R ALGORITHM R IN ST: (* Reset *) CV := 0; Q := 0; END_ALGORITHM	从零开始记录事件输入CU的发生次数，每成功记录一次将发出事件输出CUO以及当停止时计数的CU发生次数（事件输出CV），当CU的发生次数等于事件输入PV的值前将输出Q设为TRUE。E_CTU数据次数的最大值为65534（UINT数据类型的最大值）。在计数过程中的任意时间收到事件输入R后将重置E_CTU到初始状态，并触发事件输出RO

58

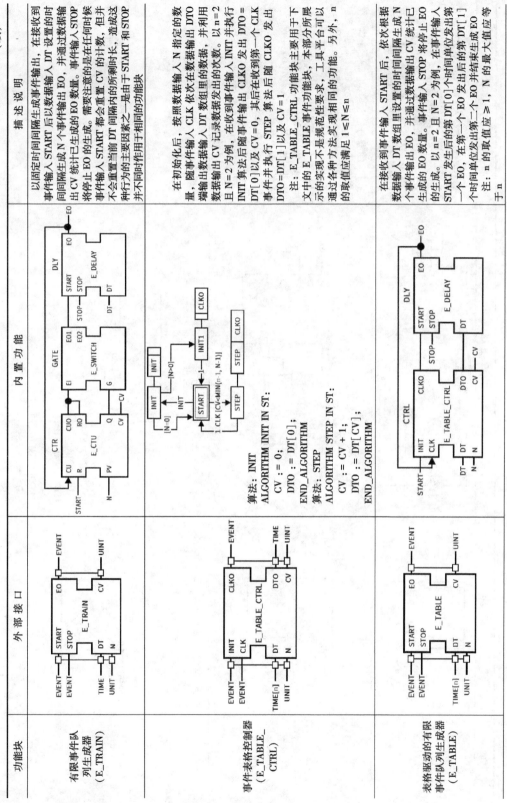

功能块	外部接口	内置功能	描述说明

有限事件队列生成器（E_TRAIN）

以固定时间间隔为事件输出，在接收到事件输入START后以数据事件生成输出，并通过数据输入DT设置的时间间隔生成N个事件输出EO，将停止已生成的EO的生成。需要注意的是在任何时候事件输入START都会重置CV的计数，但并不会重置当前DT间隔内的所剩时长，造成这种为因素之一是由于START和STOP事件不同时作用于相同的功能块

事件表格控制器（E_TABLE_CTRL）

在初始化后，按照数据数组输入N指定的数量，随数据输入CLK依次在数据数组里端输出数据输出DTO数据数组输出CV记录数据发出的次数。以N=2为例，在收到事件输入INIT并执行INIT算法后随事件输出CLKO发出DTO=DT[0]以及CV=0，其后在收到第一个CLK事件并执行STEP算法后随事件CLKO发出DTO=DT[1]以及CV=1

注：E_TABLE_CTRL功能块主要用于下文中的E_TABLE事件功能块，本部分为所展示的实现不是规范性要求，工具平台可以通过各种方法实现相同的功能。另外，n的取值应满足$1 \leq N \leq n$

算法：INIT
ALGORITHM INIT IN ST:
CV := 0;
DTO := DT[0];
END_ALGORITHM
算法：STEP
ALGORITHM STEP IN ST:
CV := CV + 1;
DTO := DT[CV];
END_ALGORITHM

表格驱动的有限事件队列生成器（E_TABLE）

在接收到事件输入START后，依次根据数据输入DT数组里设置的时间间隔输出EO，并通过数据输入STOP将停止已生成的EO数量。事件输入START后生成N个事件输出EO的生成。以N=2且N=2为例，在事件输入START发生后输出第DT[0]个时间单位后发出第一个EO，在第一个EO发出后第二个DT[1]个时间单位后发出第二个EO并结束生成EO

注：n的取值应≥1，N的最大值应等于n

（续）

59

（续）

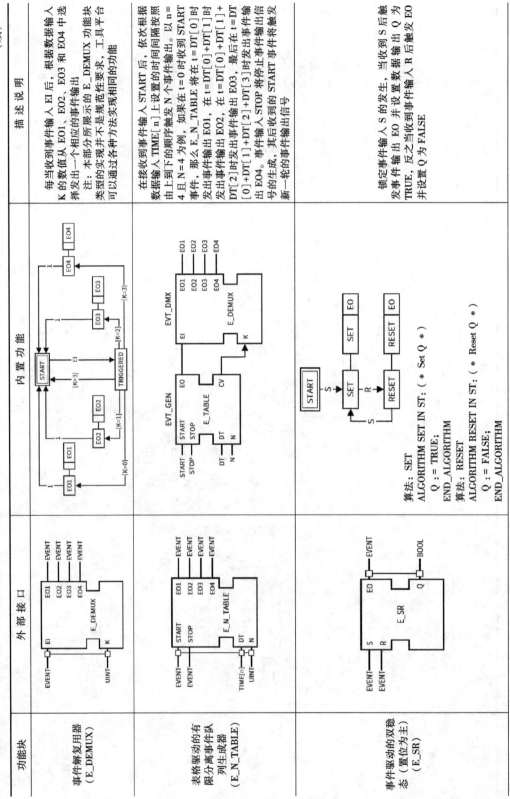

功能块	外部接口	内置功能	描述说明
事件解复用器（E_DEMUX）			每当收到事件输入 EI 后，根据数据输入 K 的数值从相应的事件输出 K 选择发出一个相应的事件输出。本部分所展示的 E_DEMUX 功能块类型的实现并不是规范性要求，工具平台可以通过各种方法实现相同的功能 注：E1、EO2、EO3 和 EO4 中选择发出一个相应的事件输出
表格驱动的有限分离事件队列生成器（E_N_TABLE）			在接收到事件输入 START 后，依次根据数据输入 TIME[n] 上设置的时间间隔按照数据输入 START 设置的顺序触发 N 个事件输出。以 n=4 且 N=4 为例，如果在 $t=0$ 时收到 START 事件，那么 E_N_TABLE 将在 $t=0$ 时发出事件输出 EO1，在 $t=DT[0]+DT[1]$ 时发出事件输出 EO2，在 $t=DT[0]+DT[1]+DT[2]+DT[3]$ 时发出事件输出 EO3，最后在 $t=DT[0]+DT[1]+DT[2]+DT[3]$ 时发出事件输出 EO4。事件输入 STOP 将停止事件输出信号的生成，其后收到的 START 事件事件将触发新一轮的事件输出
事件驱动的双稳态（置位为主）（E_SR）			锁定事件输入 S 的发生，当收到 S 后触发事件输出 EO 并设置数据输出 Q 为 TRUE，反之当收到事件输入 R 后触发 EO 并设置置 Q 为 FALSE

算法：SET
ALGORITHM SET IN ST: (* Set Q *)
    Q := TRUE;
END_ALGORITHM
算法：RESET
ALGORITHM RESET IN ST: (* Reset Q *)
    Q := FALSE;
END_ALGORITHM

（续）

功能块	外部接口	内置功能	描述说明
事件驱动的双稳态（复位为主）（E_RS）			内置功能与 E_SR 一致，只是在外部接口上更改事件输入 R 和 S 的次序以对应 IEC 61131-3 中相应的功能块
D（数据锁存）双稳态（E_D_FF）		算法：LATCH ALGORITHM LATCH IN ST: Q := D; END_ALGORITHM	记录数据输入 D 的状态，在每个时钟信号（事件输入 CLK）上，如果 D 的布尔值发生改变，则将 D 的最新值赋予数据输出 Q 后触发事件输出 EO
布尔信号上升沿检测（E_R_TRIG）			在连续两次事件输入 EI 上检测数据输入 D 是否由 FALSE 变为 TRUE，即布尔输出 EO。上升沿，如检测到则触发事件复合功能块 E_R_TRIG 包含一个 E_D_FF 实例和一个 E_SWITCH 实例，前者用于检测 QI 值是否发生变化，后者用于确保该变化是由 FALSE 转变为 TRUE
布尔信号下降沿检测（E_F_TRIG）			在连续两次事件输入 EI 上检测数据输入 D 是否由 TRUE 变为 FALSE，即布尔输出 EO。下降沿，如检测到则触发事件复合功能块 E_F_TRIG 包含一个 E_D_FF 实例和一个 E_SWITCH 实例，前者用于检测 QI 值是否发生变化，后者用于确保该变化是由 TRUE 转变为 FALSE

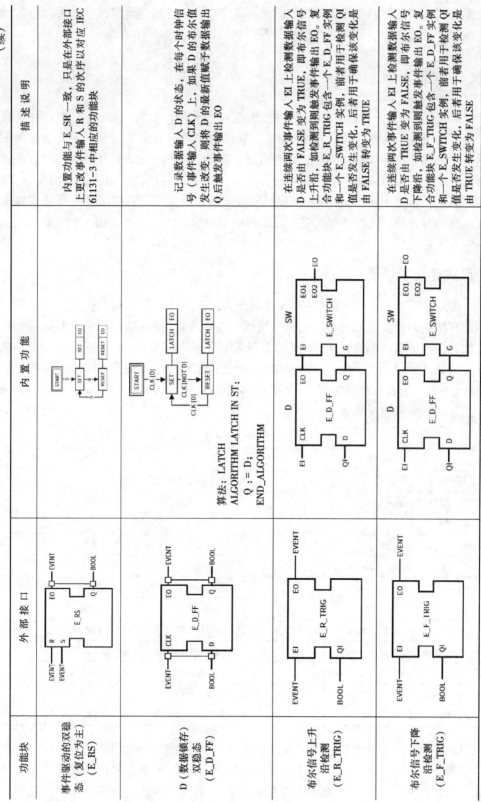

以上便是 IEC 61499 标准所定义的所有标准事件功能块，熟练地掌握它们可以有效地解决事件流控制、带条件的事件传播和控制任务建模等问题。

3.3 文本规范和文件交换

IEC 61499 标准的制定初衷之一是建立分布式工业自动化系统的高效建模方法并实现应用设计的跨平台交换，为此，IEC 61499 标准在其设立的参考模型基础上制定出成套的图形表示方法以及形式化文本规范：前者让开发者能够借助计算机辅助软件工程工具进行高效的可视化系统建模，后者可以将图形化应用设计转化为具有严谨语法和语义的通用文本描述，在这两者的基础上，IEC 61499 标准进一步提出基于可扩展标记语言的文件交换格式以实现平台间的应用设计交换和文件传输。这三方面的有机结合极大地提升了 IEC 61499 应用设计的高复用性和可移植性。

3.3.1 形式化文本规范

IEC 61499 标准并不是一种单纯的图形建模语言，其高效的可视化建模系统的基础是由严谨的语法和明确的语义组成的形式化文本规范，这使得 IEC 61499 应用设计可以在图形显示和文本描述两种形式间随意转换。为便于快速理解并掌握 IEC 61499 标准定义的文本描述方法，本节将以功能块的三种形态为例对其文本规范的结构、语法和语义进行展示说明。IEC 61499 标准为每个参考模型制定出相应的文本生成规则（Production Rule），以功能块类型为例，其顶级生成规则见表 3-14。

表 3-14　功能块类型生成规则

生 成 规 则	备　　注
fb_type_declaration : : =	开始定义功能块类型
'FUNCTION_BLOCK'fb_type_name	定义功能块类型名称
fb_interface_list	定义外部接口
[fb_internal_variable_list] <only for basic FB>	定义内部变量（仅适用于基本功能块）
[fb_instance_list] <only for composite FB>	定义功能块实例（仅适用于复合功能块）
[plug_list]	定义插头适配器
[socket_list]	定义插座适配器
[fb_connection_list] <only for composite FB>	定义功能块连接（仅适用于复合功能块）
[fb_ecc_declaration] <only for basic FB>	定义执行控制图表（仅适用于基本功能块）
{fb_algorithm_declaration} <only for basic FB>	定义执行控制图表（仅适用于基本功能块）
[fb_service_declaration]	定义服务序列图
'END_FUNCTION_BLOCK'	结束功能块类型定义

可以看出，生成规则非常直观地将各参考模型中的要素按照逻辑关系进行分组，并用形式语法规定各要素的次序、类型、数量等属性，譬如 "[ ]" 表示括号内要素为可选项将出现 0 次或 1 次，"{ }" 表示 0 个或多个括号内要素的串联。如果一个要素需要被进一步定义，可以借助可扩展文法逐级建立新的生成规则细化其构成，更详尽和完整的生成规则定义

请参阅 IEC 61499 标准第 1 部分附录 B。从表 3-15、表 3-16 和表 3-17 中展示的例子可以看出，IEC 61499 标准所制定的文本规范非常简单明了，文字描述能够直观地与图形表示相对应⊖。

表 3-15　基本功能块文本规范示例

图 形 界 面	文 本 规 范	备　注
	FUNCTION _ BLOCK E _ CTU （ ＊ Event－Driven Up Counter ＊）	开始定义功能块 "（＊＊）"内为注释内容
	EVENT_INPUT 　CU WITH PV；（＊ Count Up ＊） 　R；（＊ Reset ＊） END_EVENT	定义事件输入
 E_CTU 外部接口	EVENT_OUTPUT 　CUO WITH Q, CV；（＊ Count Up Output Event ＊） 　RO WITH Q, CV；（＊ Reset Output Event ＊） END_EVENT	定义事件输出
	VAR_INPUT 　PV：UINT；（＊ Preset Value ＊） END_VAR	定义数据输入
	VAR_OUTPUT 　Q：BOOL；（＊ CV>=PV ＊） 　CV：UINT； END_VAR	定义数据输出
	EC_STATES 　START； 　CU：CU -> CUO； 　R：R -> RO； END_STATES	定义 EC 状态
 执行控制图表	EC_TRANSITIONS 　START TO CU := CU [CV<65535]； 　CU TO START := 1； 　START TO R := R； 　R TO START := 1； END_TRANSITIONS	定义 EC 转变
	ALGORITHM CU IN ST：（＊ Count Up ＊） 　CV := CV + 1； 　Q := (CV >= PV)； END_ALGORITHM	用结构化文本定义算法 CU
	ALGORITHM R IN ST：（＊ Reset ＊） 　CV := 0； 　Q := FALSE； END_ALGORITHM	用结构化文本定义算法 R
	END_FUNCTION_BLOCK	结束定义功能块

⊖　由于空间限制，本部分展示的表格对 IEC 61499 标准原文进行了一定的调整和修正。

表 3-16   复合功能块文本规范示例

图 形 界 面	文 本 规 范	备 注
外部接口	FUNCTION_BLOCK E_R_TRIG（ * Boolean Rising Detection * ）	开始定义功能块
	EVENT_INPUT 　EI WITH QI；（ * Event Input * ） END_EVENT	定义事件输入
	EVENT_OUTPUT 　EO；（ * Event Output * ） END_EVENT	定义事件输出
	VAR_INPUT 　QI：BOOL；（ * Boolean input for rising edge detection * ） END_VAR	定义数据输入
功能块网络	FBS 　D：E_D_FF； 　SW：E_SWITCH； END_FBS	定义功能块实例
	EVENT_CONNECTIONS 　EI TO D. CLK； 　D. EO TO SW. EI； 　SW. EO1 TO EO； END_CONNECTIONS	定义事件连接
	DATA_CONNECTIONS 　QI TO D. D； 　D. Q TO SW. G； END_CONNECTIONS	定义数据连接
	END_FUNCTION_BLOCK	结束定义功能块

表 3-17   服务接口功能块文本规范示例

图 形 界 面	文 本 规 范	备 注
外部接口	FUNCTION_BLOCK MANAGER 　（ * Management Service Interface Function Block * ）	开始定义功能块
	EVENT_INPUT 　INIT WITH QI, PARAMS；（ * Service Initialization * ） 　REQ WITH QI, CMD, OBJECT；（ * Service Request * ） END_EVENT	定义事件输入
	EVENT_OUTPUT 　INITO WITH QO, STATUS；（ * Initialization Confirm * ） 　CNF WITH QO, STATUS, RESULT；（ * Service Confirmation * ） END_EVENT	定义事件输出
	VAR_INPUT 　QI：BOOL；（ * Event Input Qualifier * ） 　PARAMS：WSTRING；（ * Service Parameters * ） 　CMD：UINT；（ * Enumerated Command * ） 　OBJECT：BYTE[512]；（ * Command Object * ） END_VAR	定义数据输入
	VAR_OUTPUT 　QO：BOOL；（ * Event Output Qualifier * ） 　STATUS：UINT；（ * Service Status * ） 　RESULT：BYTE[512]；（ * Result Object * ） END_VAR	定义数据输出

（续）

图形界面	文本规范	备注
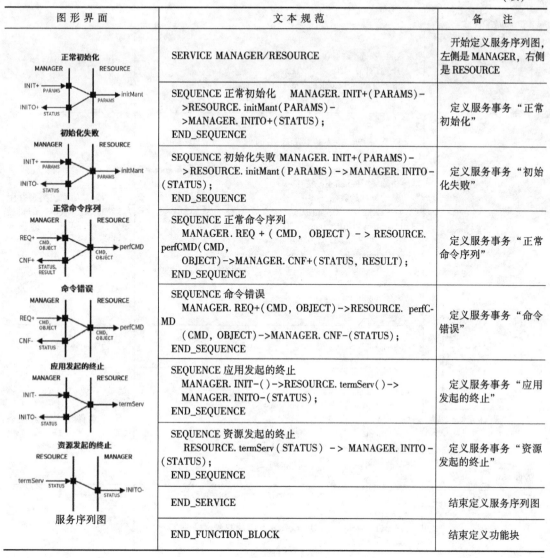	SERVICE MANAGER／RESOURCE	开始定义服务序列图，左侧是 MANAGER，右侧是 RESOURCE
	SEQUENCE 正常初始化　MANAGER. INIT+(PARAMS)- 　->RESOURCE. initMant(PARAMS)- 　->MANAGER. INITO+(STATUS); END_SEQUENCE	定义服务事务"正常初始化"
	SEQUENCE 初始化失败 MANAGER. INIT+(PARAMS)- 　->RESOURCE. initMant(PARAMS)->MANAGER. INITO- (STATUS); END_SEQUENCE	定义服务事务"初始化失败"
	SEQUENCE 正常命令序列 　MANAGER. REQ+(CMD，OBJECT)->RESOURCE. perfCMD(CMD， 　OBJECT)->MANAGER. CNF+(STATUS，RESULT); END_SEQUENCE	定义服务事务"正常命令序列"
	SEQUENCE 命令错误 　MANAGER. REQ+(CMD，OBJECT)->RESOURCE. perfC- MD 　(CMD，OBJECT)->MANAGER. CNF-(STATUS); END_SEQUENCE	定义服务事务"命令错误"
	SEQUENCE 应用发起的终止 　MANAGER. INIT-()->RESOURCE. termServ()-> 　MANAGER. INITO-(STATUS); END_SEQUENCE	定义服务事务"应用发起的终止"
	SEQUENCE 资源发起的终止 　RESOURCE. termServ(STATUS)-> MANAGER. INITO- (STATUS); END_SEQUENCE	定义服务事务"资源发起的终止"
	END_SERVICE	结束定义服务序列图
	END_FUNCTION_BLOCK	结束定义功能块

3.3.2 通用文件交换格式

在回顾并检视 IEC 61131-3 标准的发展历程后，IEC 61499 标准制定工作组发现 IEC 61131-3 标准的一个早期缺陷：由于缺失文件交换格式的完整定义，造成无法在不同 PLC 开发工具间自由交换图形化的应用设计。因此 IEC 61499 标准从设计伊始就考虑到文件交换的必要性，并提出基于 XML 格式的跨平台文件交换机制。XML 是一种用于结构化、储存以及传输信息的泛用性标记语言，通过标签对数据含义进行描述并定义数据间的关系。IEC 61499 标准在其第二部分中将上文介绍的形式化文本规范转换为文档类型定义（Document Type Definitions，DTD），用于设定 XML 文档中可使用于描述 IEC 61499 标准的标签及其属性等合法结构。表 3-18 及表 3-19 分别展示了以 XML 格式描述的基本功能块类型和应用。

表 3-18　基本功能块类型的 XML 示例

图 形 界 面	XML 文档内容	备　　注
	<?xml version="1.0" encoding="UTF-8"?> <!DOCTYPE FBType SYSTEM "https://www.holobloc.com/xml/LibraryElement.dtd" >	XML 文件头以及所使用的 DTD
	<FBType Name="E_CTU" Comment="Event-Driven Up Counter" > <Identification Standard="61499-1-A.18" Classification="事件功能块" Function="事件驱动累加计数器" /> <VersionInfo Organization="Googol Technology" Version="1.0" Author="CP" Date="2021-02-18" Remarks="Stable version" /> <CompilerInfo packageName="fb.rt.events" > <Compiler Language="Java" Vendor="Sun" Product="JDK" Version="1.7.0" /> </CompilerInfo>	开始定义功能块类型并附加诸如标识、版本、编辑器等与软件工具相关的额外信息
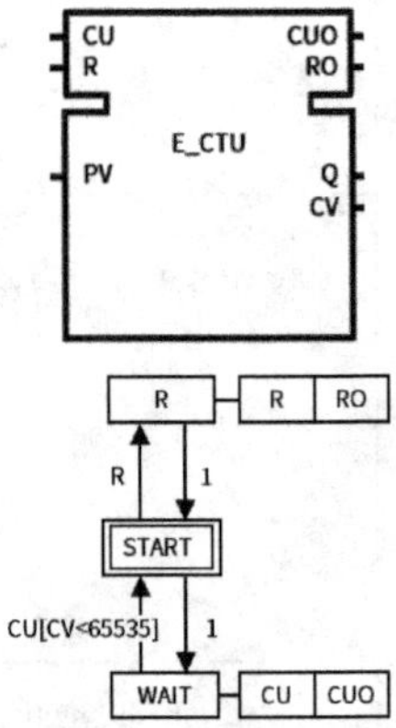	<InterfaceList>	开始定义外部接口
	<EventInputs> <Event Name="CU" Comment="计数,Count Up" > <With Var="PV" /> </Event> <Event Name="R" Comment="复位,Reset" /> </EventInputs>	定义事件输入及其关联关系
	<EventOutputs> <Event Name="CUO" Comment="计数输出事件,Count Up Output Event" > <With Var="Q" /> <With Var="CV" /> </Event> <Event Name="RO" Comment="复位输出事件,Reset Output Event" > <With Var="Q" /> <With Var="CV" /> </Event> </EventOutputs>	定义事件输出及其关联关系
	<InputVars> <VarDeclaration Name="PV" Type="UINT" Comment="限值" /> </InputVars>	定义输入数据

图 形 界 面	XML 文档内容	备　注

	`<OutputVars>`
	　　`<VarDeclaration Name=" Q" Type=" BOOL" Comment=" CV >= PV" />`
	　　`<VarDeclaration Name=" CV" Type=" UINT" Comment=" 当前值" />`
	`</OutputVars>`
		定义输出数据

	`</InterfaceList>`	结束定义外部接口
	`<BasicFB>`	开始定义基本功能块的内置功能块

	`<ECC >`
	　　`< ECState Name=" START" Comment=" 初始状态" x=" 150. 0" y="94. 44444" />`
	　　`<ECState Name="CU" Comment=" Count Up" x=" 600. 0" y="427. 77777" >`
	　　　`<ECAction Algorithm="CU" Output="CUO" />`
	　　`</ECState>`
	　　`<ECState Name="R" Comment=" Service R（Reset）Event" x=" 144. 44444"`
	　　　`y=" 605. 55554" >`
	　　　`<ECAction Algorithm="R" Output="RO" />`
	　　`</ECState>`
	　　`<ECTransition Source=" START" Destination=" CU" Condition=" CU［CV&#60;65535］"`
	　　　`x=" 600. 0" y=" 83. 33333" />`
	　　`<ECTransition Source=" CU" Destination=" START" Condition=" 1" x=" 150. 0"`
	　　　`y=" 427. 77777" />`
	`</ECC>`
		定义执行控制图表，包括 EC 状态、EC 动作和 EC 转换，以及它们的布局信息

	`<Algorithm Name=" CU" Comment=" 计数" >`
	　`<ST>`
	　　`<![ CDATA［CV := CV + 1; Q := (CV >= PV);]]>`
	　`</ST>`
	`</Algorithm>`
	`<Algorithm Name=" R" Comment=" 复位" >`
	　`<ST>`
	　　`<![ CDATA［CV := 0; Q := FALSE;]]>`
	　`</ST>`
	`</Algorithm>`
		以结构化文本语言定义算法

	`</BasicFB>`	结束定义基本功能块的内置功能块
	`</FBType>`	结束定义功能块类型

表 3-19 IEC 61499 应用的 XML 示例

图形界面	XML 文档内容	备注
	`<?xml version="1.0" encoding="UTF-8"?>` `<!DOCTYPE System SYSTEM " https://www. holobloc. com/xml/LibraryElement. dtd" >`	XML 文件头以及所使用的 DTD

	`<System Name="X2_Y2" Comment="用于测试 X2-Y2 功能块的分布式系统配置">`
	`<Identification Standard="61499-1" />`
	`<VersionInfo Organization=" Googol Technology" Version="0. 1" Author="CP" Date="2021-02-18" Remarks="First stable version. " />`
		开始定义系统并附加诸如标识、版本、编辑器等与软件工具相关的额外信息

	`<Application Name="APP" >` `<SubAppNetwork >`	开始定义应用,其主体为一个子应用网络

	`<FB Name=" SUBSCRIBER" Type=" SUBSCRIBE_2" x="3272. 2222" y="1688. 8888" >`
	`<Parameter Name="QI" Value="1" />`
	`<Parameter Name=" ID" Value=" &#34;225. 0. 0. 1:1031&#34;" />`
	`</FB>`
	`< FB Name=" TESTEE" Type=" X2_S_Y2" x="4227. 778" y="2022. 2222" />`
	`<FB Name=" START" Type=" E_RESTART" x="2338. 889" y="1688. 8888" />`
		定义所包含的组件

	`<EventConnections>`
	`<Connection Source=" SUBSCRIBER. IND" Destination="TESTEE. REQ" dx1="55. 555" />`
	`<Connection Source=" START. COLD" Destination=" SUBSCRIBER. INIT" dx1="55. 55" />`
	`</EventConnections>`
		定义事件连接

	`<DataConnections>`
	`< Connection Source=" SUBSCRIBER. RD_1" Destination="TESTEE. X" dx1="55. 555" />`
	`< Connection Source=" SUBSCRIBER. RD_2" Destination="TESTEE. Y" dx1="55. 555" />`
	`</DataConnections>`
		定义数据连接

	`</SubAppNetwork>` `</Application>`	结束定义应用
	`</System>`	结束定义系统

从整体上看,XML 文档与文本规范的内容结构基本一致,但由于 XML 的设计宗旨是传输数据而不是显示数据,因此相较于文本规范,XML 文档的可读性较差,同时额外的文件头和重复标签也增加了 XML 文件的体积。另一方面,言简意赅的文本规范只储存最基本的功能要素而缺失像功能块实例坐标等图形布局信息,因而 IEC 61499 标准在 XML 文档中对此进行补足。XML 文档的便携性已在多个 IEC 61499 应用开发工具上得以验证,但目前 XML 文档还不能取代文本规范,主要原因之一是 DTD 并不能完整复现文本规范的全部语义,针对这一问题,IEC 61499 标准制定工作组将在第三版标准中增加 XML Schema 的提案。

第 4 章　IEC 61499 开发技巧及设计范式

与传统基于 IEC 61131-3 的 PLC 相比，IEC 61499 系统的设计方法与其有着较大的差异，导致一开始接触 IEC 61499 的初学者往往无从下手。本章将介绍一些针对不同工业应用领域的 IEC 61499 设计范式以及相关开发技巧，来帮助初学者能够快速适应开发方式的变化。

4.1　抽象建模：应用构筑技巧

与其他模块化图形设计语言一样，IEC 61499 标准所定义的功能块编程范式也具有一定的局限性。以图 4-1 中展示的应用为例，当端口过多时，功能块的外部接口将变得极为笨重，同时也难以识别功能块间相关联的信号交互；另一方面，当包含大量实例时，整个功能块网络将显得杂乱无章，这也让系统后期的维护成本急剧升高。有鉴于此，IEC 61499 标准提出"子应用"和"适配器接口"两个辅助设计手段以降低功能块图形化编辑的复杂度，进而提升系统设计的可读性和可维护性。

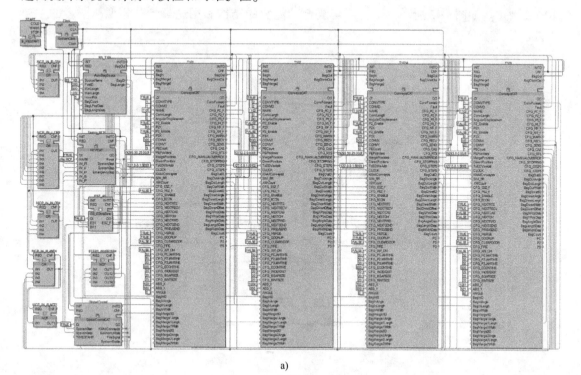

a)

图 4-1　复杂功能块应用示例

a) 局部

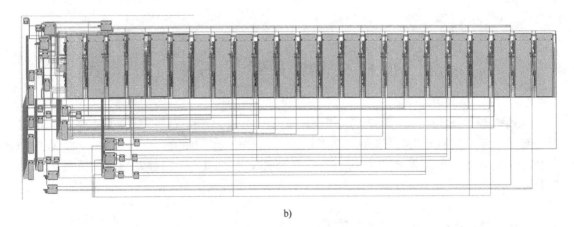

b)

图 4-1 复杂功能块应用示例（续）

b）整体

4.1.1 子应用（Subapplication）

IEC 61499 标准提供的子应用（Subapplication）可以被视为一类用于辅助开发的"设计工件"（Design Artifact），其核心用途是对功能块网络进行可复用封装并在其他子应用或应用中实例化。如图 4-2 所示，子应用与复合功能块的结构和用途都十分相似，两者的主要区别如下。

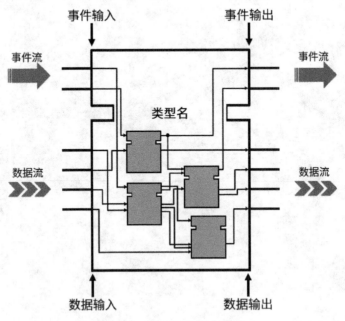

图 4-2 子应用结构示意图

- 子应用实例不能用于复合功能块类型中，但复合功能块实例可以用于子应用类型。
- 子应用类型的定义不包含事件与数据的关联关系。
- 在实例化过程中不会为子应用实例的数据输入和数据输出创建数据变量。
- 没有特定的初始化过程可用于子应用实例。

造成以上区别的主要原因在于子应用类型更像是设计样板或是编程语言中的宏命令（Macro），通常用于定义可在不同场景重复使用的功能块网络片段，而子应用实例则是作为占位符（Place Holder）在视觉上取代被其封装的功能块和其他子应用实例以及实例间的连接。因此，子应用类型实例化的一种方式是将样板功能块网络重新复制一遍，但在图形上仍以子应用实例的形态展现。由于子应用实例并不是实际存在的实体，故其外部接口只是一个纯粹的封装界面，并不存储任何数据变量，继而也无需定义任何事件与数据的关联；最后由于不是实体，因而无需也无法初始化子应用实例，这让后者无法在复合功能块类型中使用。

如图 4-3 所示，子应用内部功能块网络的连接和执行基本上遵从与复合功能块一样的规则，只是所有事件和数据信号都是直接与子应用内部的组件功能块进行交互。因此，作为一种纯粹的辅助设计手段，子应用不像复合功能块那样占用额外的资源，也不会影响执行结果。图 4-4 展示了 IEC 61499 开发工具 4DIAC⊖提供的一种子应用的便捷使用场景：在应用的开发过程中，每完成一部分可复用的功能块网络即为其创建一个新的子应用，在修改完自动生成的外部接口后可将其存储为新的子应用类型，并在需要的地方实例化，利用这种方式可以在不改变任何执行结果的前提下方便地重构应用设计，并有效地降低功能块网络的整体复杂度。

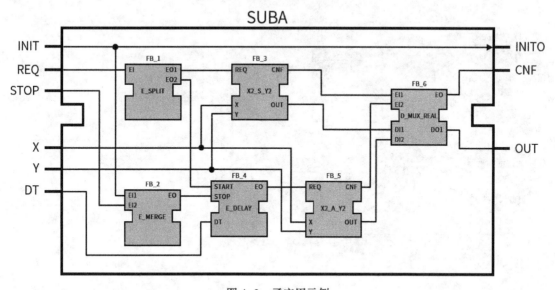

图 4-3　子应用示例

⊖　4DIAC 将在第 6.2 节介绍。

另一方面，按照 IEC 61499 标准的设定，子应用的一个重要特征是可分布性，跟应用一样，子应用内部的功能块实例可以按需部署到不同的资源上运行。需要指出的是与应用不同，IEC 61499 标准并没有给出明确的子应用分布的机制或方法，目前也并没有任何工具支持子应用内功能块实例的分布部署。

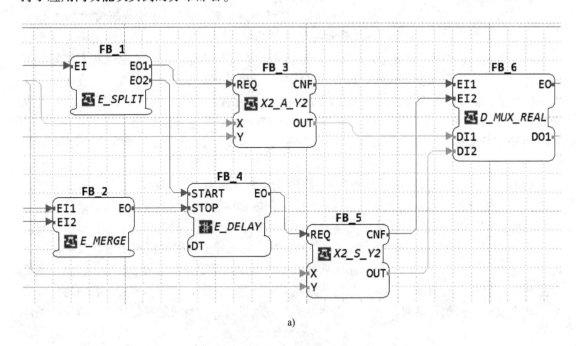

a)

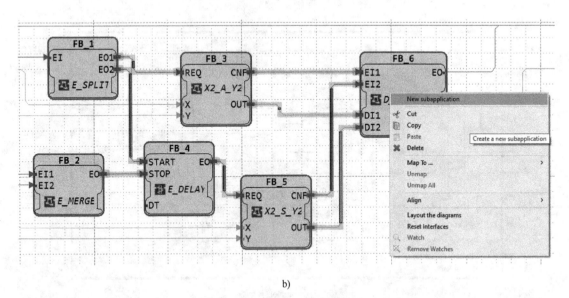

b)

图 4-4　4DIAC 子应用示例

a）创建可复用功能块网络　b）右键选中功能块网络后将其创建为新的子应用

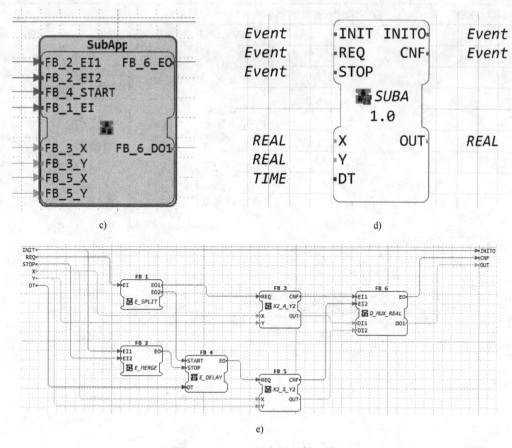

图 4-4 4DIAC 子应用示例（续）

c）自动创建的子应用外部接口　d）修改后的子应用外部接口　e）新创建的子应用类型内部

4.1.2　适配器接口（Adapter Interface）

适配器接口（Adapter Interface）是 IEC 61499 标准提供的另外一个设计工件，其核心用途是在功能块上以单一接口取代特定数量的事件和数据端口，同时借助其代表的端口组合提供额外的接口语义和连接逻辑。适配器接口的使用在增强功能块个体可读性和可维护性的基础上，可以有效地避免功能块网络因超量端口连接所造成的臃肿布局。

下面将以补充 IEC 61499 标准提及的 XBAR_MVC 功能块为例，逐步说明适配器接口的定义规范和用途用法。如表 4-1 所示，XBAR_MVC 功能块构建了一个水平推杆模型，该推杆的主要功能是将工件从起始位置推送到终止位置，通过不同的参数可以配置推杆的长度、颜色、方位、速度以及工件的尺寸等属性。多个 XBAR_MVC 功能块实例可以互相联动组成如图 4-5a 所示的工件传输系统，上下位推杆之间可以通过 LOAD、LOADED、UNLOAD、ADVANCED、WI 和 LDCOL 等信号实现工件的加载、传输和卸载等信息的交互。

表 4-1　XBAR_MVC 功能块

功能块连接示意	水平推杆模型	事件端		数据端	
		输入	输出	输入	输出
	描述：水平推杆	INIT 启动初始化	INITO 已完成初始化	WI：BOOL 工件已抵达起始位置	WO：BOOL 工件已抵达终止位置
		LOAD 装载工件并移动推杆到终止位置	LOADED 工件已加载	LDCOL：COLOR 新抵达工件的颜色	WKPC：COLOR 将被移交工件的颜色
		UNLOAD 卸载工件并回撤推杆到起始位置	ADVANCED 推杆已抵达终止位置	VF：INT 推进速度	
			UNLOADED 工件已卸载	VR：INT 回撤速度	
			RETRACTED 推杆已撤回起始位置	DTL：TIME 加载工件的延时	
				DT：TIME 模拟间隔	
				BKGD：COLOR 推杆颜色	
				LEN：UINT 推杆长度	
				DIA：UINT 工件直径	
				DIR：UINT 推杆的推进方向：0 = 从左到右、1 = 从上至下、2 = 从右到左，3 = 从下至上	

从图 4-5b 中可以预见随着 XBAR_MVC 实例的增多，相互间的事件和数据连接将占据大量的设计空间，并不可避免地形成臃肿的功能块网络。另一方面，上下位推杆间工件传递过程中涉及的事件和数据信号并不能被直观地体现，只能通过额外的服务序列图进行辅助说明，这往往会导致由于错误连接不能正常运行功能块的情形。此时利用适配器接口对 XBAR_MVC 功能块进行重新封装可以有效地解决上述问题，如图 4-5c 所示。

① 首先依据图 4-5b 中与工件传递相关的事件和数据端口的数量和类型创建适配器接口类型 LD_UNLD，每个适配器接口类型均有作为服务提供方的插头（PLUG）和作为服务需求方的插座（SOCKET）两种实例形态。

② 接着在为 XBAR_MVC 功能块类型添加 LD_UNLD 适配器接口类型的一个插头实例

LDU_PLG 和一个插座实例 LDU_SKT 后，重新将其封装为 XBAR_MVCA 复合功能块类型，此时插头和插座的实例名分别显示于 XBAR_MVCA 功能块类型的数据输出侧和输入侧，并以单接口 ">>" 的形式与普通数据端口相区分[⊖]；另外，适配器接口作为独立的接口类型不与任何事件相关联，同时也不能为适配器接口上的数据输入赋值。

③ 最后创建 XBAR_MVCA 功能块类型的两个实例 XBAR_HA 和 XBAR_VA，并连接适配器接口 XBAR_HA.LDU_PLG-XBAR_VA.LDU_SKT，只有类型相同且形态相反的适配器接口才能互联，并且一个插头接口一次只能与最多一个插座接口相连，反之亦然；相连的插头接口与插座接口互为镜像，插头接口输入端所接收的信号会直接映射到插座接口对应的输出端上，反之插座接口输入端所接收的信号会被——映射到插头接口对应的输入端上。

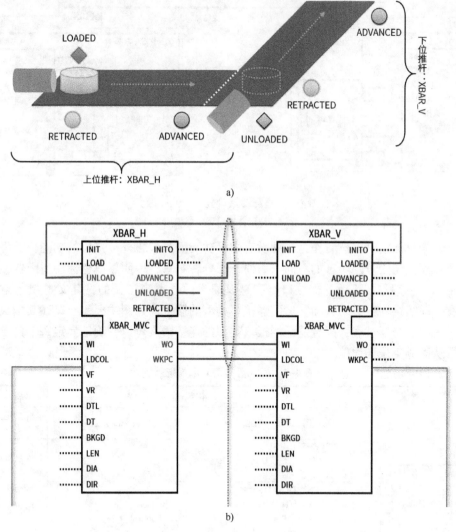

图 4-5　适配器接口应用示例

a) 结构示意　b) 功能块连接示意

⊖　IEC 61499 标准并未明确规定如何在图形上区分适配器接口与普通数据端口，本书使用 ">>" 表示适配器接口。

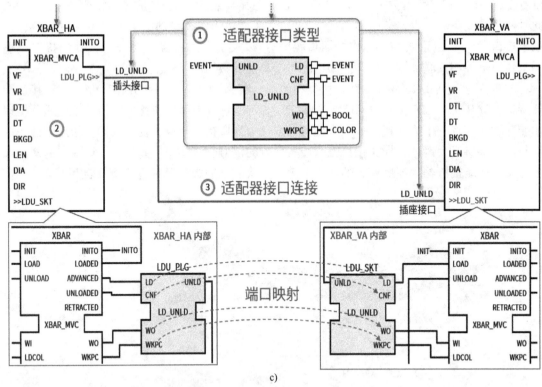

图4-5 适配器接口应用示例（续）

c）适配器接口连接示意

适配器接口类型可以被看作是一种没有内置功能而只包含外部接口的功能块类型，因此单从图形界面上无法辨别两者的不同，为便于区分，本书将以阴影底色标注适配器接口。如表4-2所示，一般情况下适配器接口类型是以插座的形态来定义的，其文本规范与普通功能块具有一样的结构；另一方面，适配器接口类型的服务序列图主要用于描述其插头形态与插座形态之间的交互过程，配合适配器接口类型的连接语义可以明确地界定每个接口的正确应用场景从而避免误连误接。

表4-2 适配器接口文本规范示例

图形界面	文本规范	备注
	ADAPTER LD_UNLD（ * LOAD/UNLOAD Adapter Interface * ）	开始定义适配器接口
	EVENT_INPUT UNLD；（ * UNLOAD Request * ） END_EVENT	定义事件输入

	EVENT_OUTPUT
	  LD WITH WO，WKPC；（ * LOAD Request * ）
	  CNF WITH WO，WKPC；（ * UNLD Confirm * ）
	END_EVENT
		定义事件输出

	（ * 无 * ）	定义数据输入

	VAR_OUTPUT
	  WO：BOOL；（ * Workpiece present * ）
	  WKPC：COLOR；（ * Workpiece Color * ）
	END_VAR
		定义数据输出

图形界面	文本规范	备注

正常操作
 	
服务序列图
	SERVICE 插头/插座
	  SEQUENCE 正常操作
	    插头.LD(WO，WKPC) ->插座.LD(WO，WKPC)；
	    插座.UNLD() ->插头.UNLD()；
	    插头.CNF() ->插座.CNF()；
	  END_SEQUENCE
	END_SERVICE
		定义服务事务
		（可选）

	END_ADAPTER	结束定义适配器 接口

适配器接口的使用最常见于复合功能块中，如表 4-3 所示，与其他组件功能块一样，在复合功能块中可以直接添加并连接适配器接口实例，并且在文本规范中会有对应的区域用于定义该接口实例。

表 4-3　复合功能块中适配器接口的应用示例

图形界面	文本规范	备注
 外部接口	FUNCTION_BLOCK XBAR_MVCA（ * Composite Function Block Type * ）	开始定义 功能块
	EVENT_INPUT INIT WITH VF，VR，DTL，DT，BKGD，LEN，DIA，DIR；（ * Initialization Request * ） END_EVENT	定义事件 输入
	EVENT_OUTPUT INITO；（ * Initialization Confirm * ） END_EVENT	定义事件 输出

	VAR_INPUT
	  VF：INT；
	  VR：INT；
	  DTL：TIME；
	  DT：TIME；
	  BKGD：COLOR；
	  LEN：UINT；
	  DIA：UINT；
	  DIR：UINT；
	END_VAR
		定义数据
		输入

	PLUGS LDU_PLG：LD_UNLD； END_PLUGS	定义插头 接口
	SOCKETS LDU_SKT：LD_UNLD； END_SOCKETS	定义插座 接口

图形界面	文本规范	备 注
	FBS XBAR：XBAR_MVC； END_FBS	定义功能块实例

	EVENT_CONNECTIONS
	    INIT TO XBAR. INIT；
	    XBAR. INITO TO INITO；
	    LDU_SKT. LD TO XBAR. LOAD；
	    XBAR. LOADED TO LDU_SKT. UNLD；
	    XBAR. ADVANCED TO LDU_PLG. LD；
	    XBAR. UNLOADED TO LDU_PLG. CNF；
	    LDU_PLG. UNLD TO XBAR. UNLOAD；
	END_CONNECTIONS
		定义事件连接

功能块网络	DATA_CONNECTIONS
	    LDU_SKT. WO TO XBAR. WI；
	    LDU_SKT. WKPC TO XBAR. LDCOL；
	    VF TO XBAR. VF；
	    VR TO XBAR. VR；
	    DTL TO XBAR. DTL；
	    DT TO XBAR. DT；
	    BKGD TO XBAR. BKGD；
	    LEN TO XBAR. LEN；
	    DIA TO XBAR. DIA；
	    DIR TO XBAR. DIR；
	    XBAR. WO TO LDU_PLG. WO；
	    XBAR. WKPC TO LDU_PLG. WKPC；
	END_CONNECTIONS
		定义数据连接

	END_FUNCTION_BLOCK	结束定义功能块

    如图4-6所示，适配器接口可以便捷地与PUBLISH和SUBSCRIBE等服务接口功能块相结合组成新的复合功能块类型。

    另一方面，理论上适配器接口也可以直接应用于复合以及服务接口功能块中，但是当前版本的IEC 61499标准对此并未给出详细的使用规范，因此下面将结合已有信息给出可能的应用示例。如表4-4所示，在基本功能块外部接口上完成声明后，适配器接口实例所包含的事件输入可以作为执行控制动作中发出的事件、事件输出可用于执行控制转变条件中，数据输入和输出可用于执行控制转变条件以及算法中。事实上，由于适配器接口对事件和数据端口的封装使其在基本功能块以及服务接口功能块中的使用非常不直观便捷。

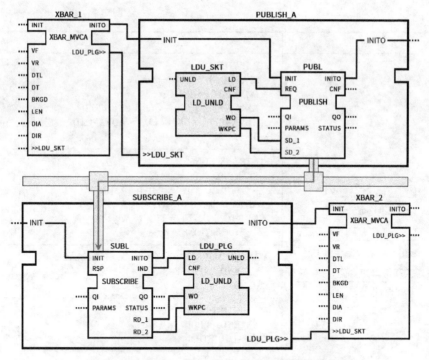

图 4-6 适配器接口结合服务接口功能块的应用示例

表 4-4 基本功能块中适配器接口的应用示例

图 形 界 面	文 本 规 范	备 注
	FUNCTION _ BLOCK XBAR _ CA（ * Basic Function Block Type * ）	开始定义功能块
	EVENT_INPUT INIT WITH WI；（ * Initialization Request * ） LOAD WITH WI； EXTENDED； END_EVENT	定义事件输入
	EVENT_OUTPUT INITO WITH EXTEND；（ * Initialization Confirm * ） CNF WITH EXTEND； ADVANCED； END_EVENT	定义事件输出
外部接口	VAR_INPUT WI：BOOL； END_VAR	定义数据输入
	VAR_OUTPUT EXTEND：BOOL； END_VAR	定义数据输出
	PLUGS LDU_PLG：LD_UNLD； END_PLUGS	定义插头接口
	SOCKETS LDU_SKT：LD_UNLD； END_SOCKETS	定义插座接口

图形界面	文本规范	备注

	EC_STATES
	  START；（ * Initial State * ）
	  INIT：INIT -> INITO；
	  EXTEND：EXTEND -> LDU_SKT. UNLD；
	  ADVANCED：ADVANCED -> ADVANCED；
	END_STATES
		定义 EC 状态

执行控制图表
	EC_TRANSITIONS
	  START TO INIT：= INIT；
	  EXTEND TO ADVANCED：= EXTENDED；
	  ADVANCED TO START：= 1；
	  INIT TO EXTEND：= LOAD［WI］；
	END_TRANSITIONS
		定义 EC 转变

	ALGORITHM INIT IN ST：（ * Initialization algorithm * ） EXTEND：= FALSE； END_ALGORITHM	用结构化文本定义算法 INIT
	ALGORITHM EXTEND IN ST： EXTEND：= LDU_SKT. WO； END_ALGORITHM	用结构化文本定义算法 EXTEND
	ALGORITHM ADVANCED IN ST： EXTEND：= FALSE； END_ALGORITHM	用结构化文本定义算法 ADVANCED
	END_FUNCTION_BLOCK	结束定义功能块

由于服务接口功能块的具体实现并不公开，因此，表4-5 所示适配器接口更多的是用于封装输入和输出端口以及描述服务序列。

表 4-5　服务接口功能块中适配器接口的应用示例

图形界面	文本规范	备注
 外部接口	FUNCTION_BLOCK XBAR_SIFBA（ * Service Interface Function Block Type * ）	开始定义功能块
	EVENT_INPUT INIT WITH VF, VR, DTL, DT, BKGD, LEN, DIA, DIR；（ * Initialization Request * ） END_EVENT	定义事件输入
	EVENT_OUTPUT INITO；（ * Initialization Confirm * ） END_EVENT	定义事件输出

	VAR_INPUT
	  VF：INT；
	  VR：INT；
	  DTL：TIME；
	  DT：TIME；
	  BKGD：COLOR；
	  LEN：UINT；
	  DIA：UINT；
	  DIR：UINT；
	END_VAR
		定义数据输入

(续)

图形界面	文本规范	备 注
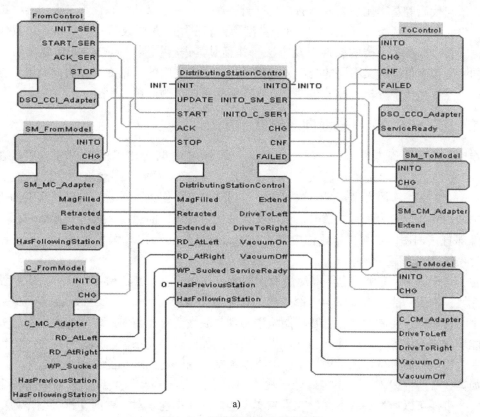	PLUGS 　　LDU_PLG：LD_UNLD； END_PLUGS	定义插头接口
	SOCKETS 　　LDU_SKT：LD_UNLD； END_SOCKETS	定义插座接口
	SERVICE 功能块外部接口/服务 　　SEQUENCE 正常操作 　　功能块外部接口 . LDU_PLG. LD（LDU_PLG. WO，LDU_PLG. WKPC）->服务 . 加载工件（）； 　　　服务 . 卸载工件（）->功能块外部接口 . LDU_PLG. UNLD（）； 　　　功能块外部接口 . LDU_PLG. CNF（）->服务 . 工件已卸载（）； 　　　END_SEQUENCE 　END_SERVICE	定义服务事务
	END_FUNCTION_BLOCK	结束定义功能块

如图 4-7 所示，一个功能块可以同时配备多个类型的适配器接口实例，从而为不同功能块提供专用接口，同时可以极大程度缩小功能块外部接口的面积。

a)

图 4-7　多适配器接口应用示例

a）内部功能块网络

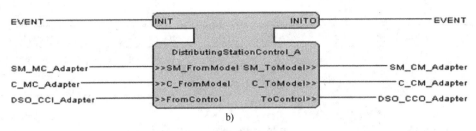

图 4-7 多适配器接口应用示例（续）
b）外部接口

总而言之，适配器接口的使用可以类比面向对象编程语言中的接口以及 UML 2.0（Unified Modelling Language）中的端口等概念，在功能块中引入适配器接口可以极大地降低系统设计的耦合度。

4.2 离散制造系统开发技巧：面向对象编程方法

面向对象编程（Object-Oriented Programming，OOP）已经在软件工程中推广多年，绝大多数高级编程语言（例如 C++、Java、C#、Python 等）都支持面向对象编程方法来提高软件复用率，从而提升软件的开发效率。面向对象编程作为一种抽象编程方法，由数据、属性、方法与代码等基本元素组成，通常具有封装性、继承性以及多态性等三大特性。高级编程语言为对象定义了类型（Class），每个类型则封装了用于存放数据的变量属性以及代码的方法。子类可以继承父类的属性以及方法，并且对其进行扩展。多态性则体现在函数接口上，同一函数名可以定义不同的接口来实现对象与对象之间的信息交互。面向对象编程的方式使得程序更加便于分析、设计与理解，在很多项目中广为应用。

4.2.1 基于 IEC 61499 的面向对象设计方法

在工业控制编程方面，IEC 61131-3 第三版标准中也增加了面向对象编程。在 IEC 61131-3 标准中，对象是由功能块（Function Block）扩展而来，即允许在功能块中使用任意 IEC 61131-3 编程语言来定义方法与属性。当对象类型创建完成后，可以使其实例化并在函数中调用。当设置为私有函数时，仅能在当前函数调用，而当定义为公开函数时，则可从函数外部直接调用。目前，施耐德电气、3S CodeSys 等主流 PLC 编程软件中已经支持基于面向对象的 PLC 编程方法。

在 IEC 61499 标准中，也可以使用面向对象编程的方法。IEC 61499 中的基础编程单元是功能块，一个功能块由接口与内部逻辑组成。如图 4-8 所示，我们可以将一个功能块看作一个物理对象，控制逻辑包含在功能块中实现封装性。对象与对象之间的空间对应关系通过功能块网络来体现，从而建立物理世界与数字世界的映射关系。例如，可以将一个传送带作为一个模块，而多个传送带模块根据上下游连接组成输送系统功能块网络。

如第 3 章所描述，功能块接口分成输入与输出两个部分，每个部分又由事件与变量组成。每个事件可以通过关联不同的变量来实现接口的多态性。对象中的变量可以作为功能块内部变量来存储，而对象类型中方法由功能块输入事件来触发。IEC 61499 可以通过复合功能块（CFB）封装现有功能块类型来继承现有模块特性，在内置的功能块网络中插入其他模块来定义扩展函数，并且映射复合功能块接口来定义扩展函数的入口。由于复合功能块内无内部变量存在，当元对象模块与扩展对象模块之间需要数据交互时，需要通过数据连接、适配器或者订阅/发布模块来实现数据传递，如图4-9所示。

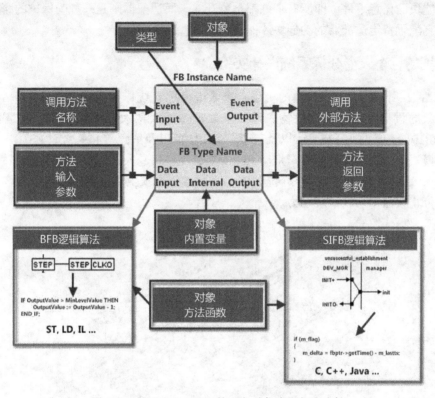

图4-8 基于 IEC 61499 的面向对象编程方法映射

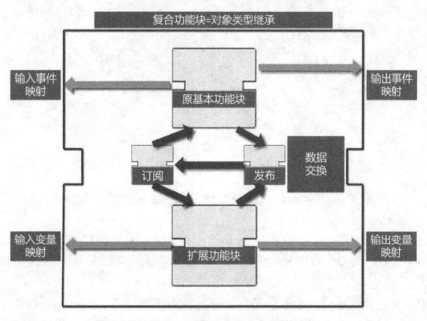

图4-9 IEC 61499 功能块对象继承方法

与 IEC 61131-3 不同的是，在 IEC 61499 功能块接口中并没有公开或者私有等属性定义。IEC 61499 接口中的事件可以被同一功能块网络中的任意功能块触发，也可以使用适配器的方式来跨功能块网络层级调用。因此，对同一功能块网络中的其他功能块来说，都可以触发此功能块的任意事件，即所有事件都是公开的。而适配器则是一种受保护的跨层级访问机制，只有配置特定适配器的功能块才能访问。

4.2.2 机场行李入港分拣系统设计实例

如图 4-10 所示，以一个简单的机场行李入港分拣系统作为示例来描述基于 IEC 61499 的面向对象的设计方法。一个机场入港行李处理系统由两大部分组成，分别是传输系统（传送带 IB101-105、闸门 IB1D1 以及行李转盘 IB1）以及紧急停止系统（ESTOP1-3）。在正常工作模式下，到港航班的行李将从 IB101 传送带装载进入系统内，经过安全闸门 IB1D1 从空侧进入公共侧，最后到达行李转盘 IB1。当紧急情况发生时，操作员或者旅客可以按下任意紧急停止按钮来切断系统动力。

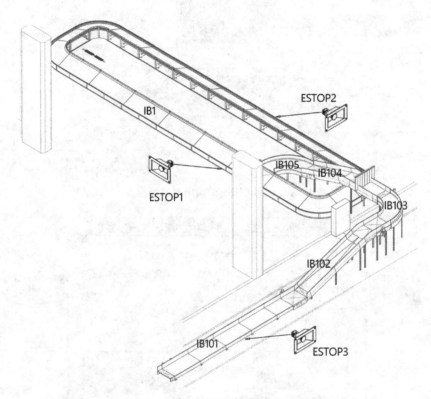

图 4-10　机场入港行李处理系统布局图

完整的 IEC 61499 系统设计如图 4-11 所示。首先，依照面向对象的设计方法，将每个设备看作一个对象，为每个设备种类创建一个功能块类型，并为每一个对象建立此功能块类型的实例。

系统中共有三种设备对象功能块类型，分别对应传送带 FB_Conveyor_OOP，安全闸门 FB_Door_OOP，以及紧急停止按钮 FB_EStop_OOP。如图 4-12 所示，传送带模块通过末端

84

的光电传感器以及电动机运行反馈信号来判断运行状态，给出传送带运行与停止信号，以及现在所处状态。控制模块设计了四个事件：初始化（INIT）、运行（RUN）、停止（STOP）以及更新（UPDATE），对应了四个 ECC 的状态。当任意事件触发时，ECC 将跳转至相应状态，执行完逻辑后随即返回初始状态（START）。在运行、停止与更新事件后，需要同步更新电动机控制输出信号与传送带当前状态，因此将这三个状态的输出事件绑定到同一输出事件 CNF 上，以减少所需输出事件的数量，避免模块间大量重复连接。

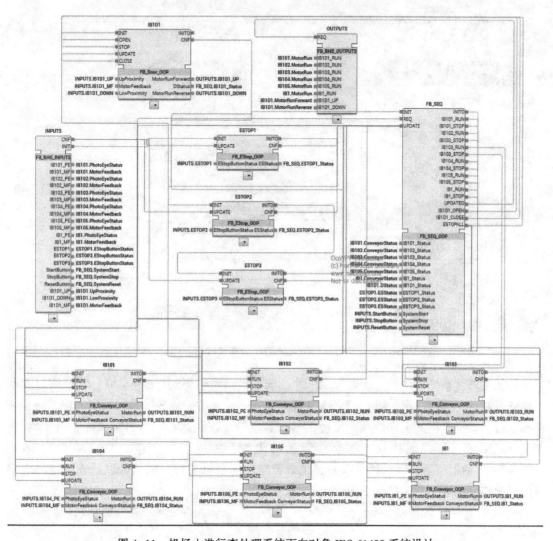

图 4-11　机场入港行李处理系统面向对象 IEC 61499 系统设计

安全闸门模块与传送带模块设计非常相似，如图 4-13 所示，同样设计了五个事件来触发不同的 ECC 状态。与传送带不同的是，安全闸门分为打开（OPEN）与关闭（CLOSE）两个运动状态，分别会跳转 RUNF 状态并打开正向电动机控制信号 MotorRunForward，以及跳转 RUNR 状态并打开反向电动机控制信号 MotorRunReverse。紧急停止模块的逻辑比较简单，当任意紧急停止按钮按下时，系统将直接停止，所有设备将直接进入停止状态。

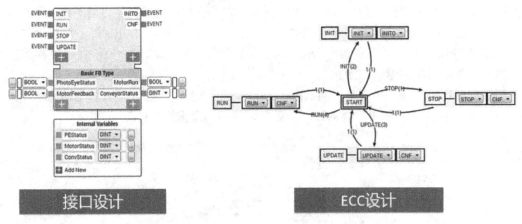

图 4-12 传送带面向对象的功能块接口与状态机设计

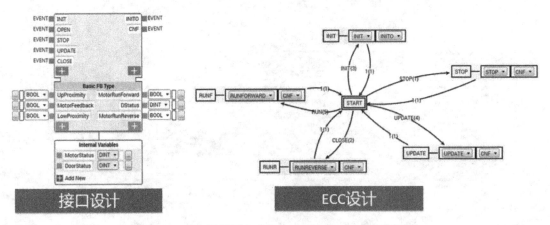

图 4-13 安全闸门面向对象的功能块接口与状态机设计

除此之外，系统内还有三个其他功能块。服务接口功能块 FB_BHS_INPUTS 以固定周期读取输入变量，并生成更新事件，是事件链条的发源地。这些输入变量包括光电传感器，来自传送带和安全闸门的电动机运行反馈信号，紧急停止按钮状态，接近传感器，以及启动、停止、复位等系统控制按钮。在事件链条的末端，另一个服务接口功能块 FB_BHS_OUTPUTS 将输出值更新到具体设备中，包含传送带电动机运行开关信号以及安全闸门电动机的正向与反向运行开关信号。

完成了所有设备模块设计后，系统还需要一个整体控制模块来协调设备间运作。如图 4-14 所示，系统整体控制模块 ECC 中定义了两个过程控制序列：开始序列和停止序列。在系统启动过程中，传送带将从最下游的传送带开始倒序启动，在物流系统中这个特性被称为级联启动（Cascade Start）。级联启动的目的是避免由于物体进入停止的下游传送带而引起输送带堵塞。按下系统启动按钮后，系统控制 ECC 将受限打开安全闸门 IB1D1，然后按照从 IB1 到 IB101 的顺序启动传送带。当系统停止时，传送带将由上游向下游停止，当传送带运行一段时间后发现没有残留物品后即可停止，由此来确保系统完全停止前所有传送带上的物品都已从系统中移除。收到系统停止信号后，传送带便从 IB101 到 IB1 逐一停止。当所有输送机停止运行后，安全闸门 IB1D1 将自动关闭。同样，当清除紧急停止状态后，系统将以同样的逆向顺序重新启动，恢复正常运行。

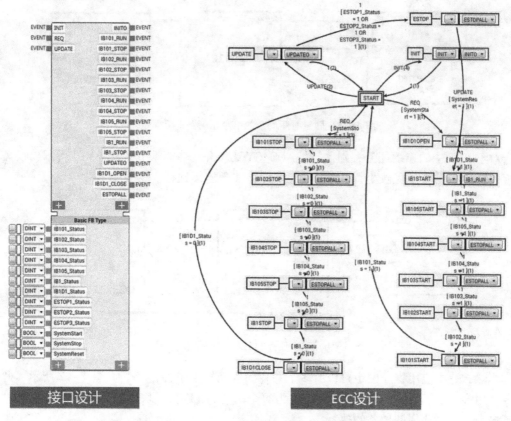

图 4-14 系统流程控制模块接口与状态机设计

面向对象的编程方法更加适合由独立工位组成的离散制造系统，将实体对象与功能块一一对应，从而将物理布局转换为功能块网络，方便用户快速定位设备。

4.3 过程控制系统开发技巧：时间驱动及事件驱动

工业控制系统通常可以分为离散制造与过程控制两大类。4.2 节展示了如何在离散制造系统中使用面向对象的设计方法。本节将提出适合过程控制的设计方法。

4.3.1 基于 IEC 61499 的时间驱动及事件驱动设计方法

工业控制系统方法同样可以分为两类：时间驱动以及事件驱动。基于 IEC 61131-3 标准的 PLC 使用的是典型的基于时间驱动的控制方法，即基于轮询的执行机制，任务根据事先设定好的周期定期触发。IEC 61499 应用中也可以实现基于固定周期触发的执行机制。在 3.2 节中介绍的事件功能块 E_CYCLE 提供了周期生成事件的功能。如图 4-15 所示，可以连接事件功能块 E_RESTART 的 COLD、WARM 到 E_CYCLE 的 START，实现开机自动启动循环触发。也可以将 E_CYCLE 设置为与 I/O 相同的更新周期，将 E_CYCLE 的输出事件连接到读取输入变量的服务接口功能块，并且在此事件链条的最尾端调用写入输出变量的服务接口功能块来完成一个循环周期。

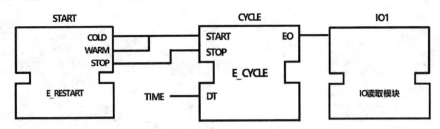

图 4-15　固定时间周期的 IEC 61499 应用程序

对于 PLC 中的连续任务，则无需使用 E_CYCLE 事件功能块。如图 4-16 所示，仅需要在事件链条的尾端再度触发最上游的功能块即可实现连续执行。

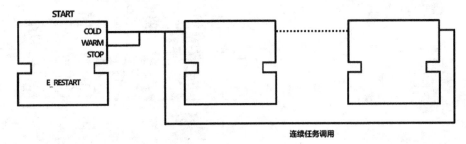

图 4-16　连续任务的 IEC 61499 应用程序

当然，一个应用程序中也可以有多个并存的周期触发事件链条。如图 4-17 所示，此时需要使用多个 E_CYCLE 事件功能块，并为每个 E_CYCLE 功能块设置不同的周期参数，来实现多个不同循环周期任务的执行。

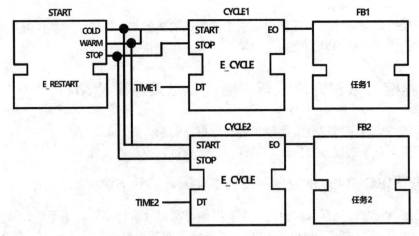

图 4-17　多个周期触发的 IEC 61499 应用程序

此外，有许多应用则是完全基于事件触发机制的，这些事件可以是由人机界面（HMI）来手动操作机械设备，也可以是来自其他系统信号，甚至是系统的报警等。此类应用通常是由一个服务接口功能块作为事件的源头，当事件产生时，将触发下游功能块进行处理，而剩余时间则保持休眠状态。

4.3.2 流体食品加工线设计实例

当然，时间与事件驱动也可以混合使用。下面以流体食品过程控制系统来展示时间驱动与事件驱动的混合使用方法。如图 4-18 所示，管道与仪表流程（P&ID）图展示了一个简单的流体食品加工过程。流体食品加工过程通常由送料车开始，经过管道进入罐子进行加工处理，比如加热、冷却、搅拌等加工工艺。当完成加工流程之后，成品将从罐子底部管道流出，进入下一道工序或者进入灌装程序。

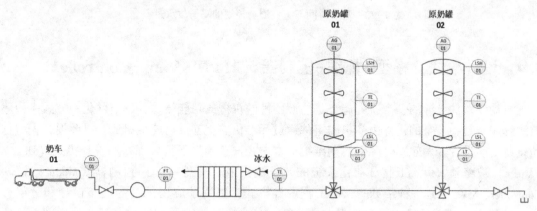

图 4-18 流体食品加工产线 P&ID 图

基于 4.2 节中的面向对象的设计方法，可以将罐子、管道、阀门等作为对象进行建模，设计相应的基本功能块。接下来，如图 4-19 所示，根据流程分段将按照源罐–管道–目标罐的顺序连接功能块，形成完整的加工流程。

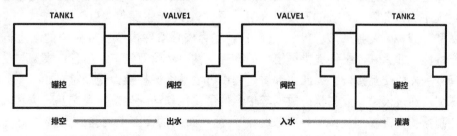

图 4-19 基于 IEC 61499 的流体食品加工产线设计方法

其中，罐子的排水过程就是一个典型的时间与事件混合驱动的控制过程。通常一个罐子设有高、低两个液位传感器来检测罐内液位。在放水的过程中，当低液位传感器检测到水位低于下限时，将产生事件触发罐子低液位警报。然而，通常并不会立刻停止放水处理。此时罐子以及管道内还残留少许液体，如果立即停止放水，会造成管道腐蚀等问题。因此，即使收到低液位信号警报，罐子仍然会继续放水一段时间。此时，由于没有传感器反馈信息，通常使用时间控制来控制持续放水时间。如图 4-20 所示，当罐子在放水状态中，并且低液位信号变成 1 时，加入 E_DELAY 事件功能块来延长放水时间。当 E_DELAY 输出事件被激活时，罐子将从放水状态进入停止状态。图中 1、2、3、4 为执行的顺序。

灵活使用时间与事件混合触发能够有效提升基于 IEC 61499 的过程控制系统的代码可读性，大幅度提升过程控制开发的效率。

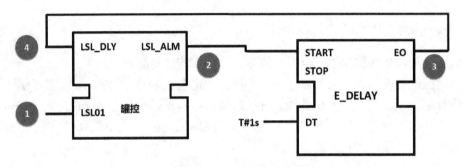

图 4-20　基于时间与事件混合控制的罐子放水过程

4.4　设计模式：模型–视图–控制器（Model–View–Controller）

　　自动化软件设计的一个研究趋势是仿照硬件的机械或功能结构，以组件化的方式来构建控制程序，其中复杂的组件由简单的组件通过标准化的交互接口连接组成，以此提升大型自动化系统的设计开发效率并降低后期维护成本，在这一趋势下很多现有的设计模式（Design Pattern）被跨领域引入工业自动化系统的开发流程中。模型–视图–控制器（Model–View–Controller，MVC）是一种常见的软件工程设计模式，多用于应用程序的动态设计和分层开发。MVC 设计模式的核心概念是将软件系统划分为模型、视图和控制器三个独立部分，从而让程序结构和代码组织更加直观；同时利用预先约定的交互接口降低系统的耦合性，以此提升程序的灵活性和代码的复用性。James H. Christensen 博士在传统 MVC 设计模式的基础上结合 IEC 61499 特性提出一套分层 MVC 架构以及相应的层进式开发流程，其核心思想是将受控对象的可视化建模和闭环仿真（Closed–Loop Simulation）融入工业自动化系统的组件化设计过程中，以此降低系统的开发难度。分层 MVC 框架主要包含以下组件。

- 模型（或称为受控模型，Plant Model）：作为核心组件模拟受控对象的动态行为和功能特性，并为其他组件提供被模拟的物理属性以及内部状态等信息；模型与受控对象具有一样的交互接口，因此在部署过程中可以被无缝替换为受控对象。
- 视图：通过模型参数和状态数据等信息的可视化和动画化来实现交互式仿真。
- 控制器：负责模型（或受控对象）与人机界面间的交互，在指定需要执行的控制逻辑的同时决定用户输入的响应方式和流程。
- 人机界面（Human–Machine Interface，HMI）：提供操作员与自动化系统进行交互的控制面板。

　　如图 4-21a 所示，每个模型、视图、控制器和人机界面组件都由 IEC 61499 功能块实现，同类功能块可以被划分到相同的逻辑层中，控制器之间以及模型之间的层内通信由功能块间的连接来处理，层间通信则由通信服务接口功能块来处理。归属各逻辑层的功能块可以按需部署到不同的设备及资源上，以图 4-21b 展示的 LIFTER_MVCL 系统配置为例，其组件被分别部署到 MODEL 和 CONTROL 两个设备上的不同资源中，并借助 PUBLISH 和 SUB-SCRIBE 等通信服务接口功能块实现跨资源的信息交互。这里需要指明的是按照功能性进行逻辑分层可以有效地区分和管理各组件，但是严格的层级划分并不是必需的，在实际应用中也可以将相关功能块通过纵向封装的方式重构为新的功能块类型以便于后续复用。

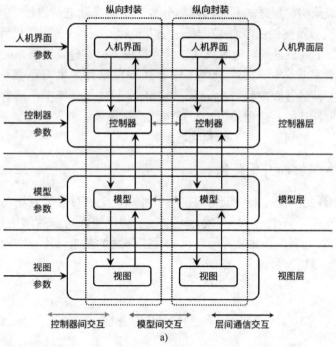

a)

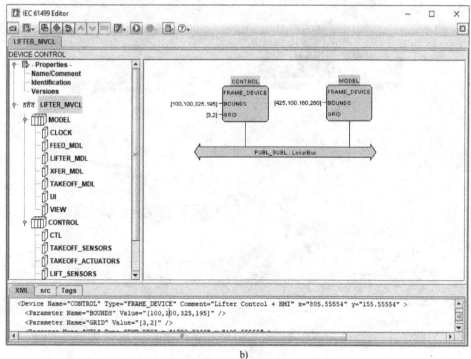

b)

图 4-21　用于 IEC 61499 标准的分层模型-视图-控制器设计模式及示例[⊖]

a) 分层模型-视图-控制器设计模式　b) 示例

配合上述层级架构的层进式开发可以划分为三个循序渐进的阶段：视图-人机界面、视图-模型-人机界面以及视图-模型-控制器-人机界面，下面将借用简化后的 FESTO MPS® 分发工作站（Distributing Station）为例演示该开发流程。假定分发工作站的设计目标为演示机电系统的一些基本原理，主要由一组用于储存和分发工件的供料匣模块（Stack Magazine）和一组用于搬运工件的装卸模块（Changer Module）组成。分发工作站的主要功能被设定为利用装卸模块将工件从供料匣模块以预设速度依次传递到下游工作站，下面将围绕这一设定逐步构建分发工作站的视图、模型和控制器组件。

4.4.1 视图-人机界面开发阶段

层进式 MVC 开发流程的第一步是构建用于可视化受控对象的视图功能块，并定义好它与外界的信息交互接口，在此阶段开发者可以逐步构思受控对象的结构并细化其工作流程。如图 4-22 所示，首先利用画图软件绘制出分发工作站的基本结构，并设定好包括物理表征和内部状态等需要被展示的信息[⊖]。

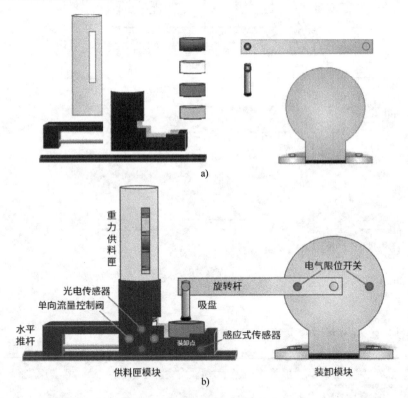

图 4-22　分发工作站的简化视图
a) 部件分解　b) 模块组合

经过多次迭代，在最终设计中供料匣模块包含一个可装载 8 个工件的重力供料匣，一个用于检测工件是否就绪的光电传感器，一个水平推杆，两个检测推杆起止位置的感应式传感器，以及两个调整推杆进退速度的单向流量控制阀；装卸模块包含一个吸盘，一个可旋转

⊖　在实际开发中可以使用功能更为强大的三维制图软件，本章介绍的 MVC 开发范式并不受限于特定的工具。

0~180°的旋转杆和两个用于确定旋转杆起止位置的电气限位开关。如图 4-23 所示，为了可视化工件的传递过程，需要将分发工作站的静态绘图转化为具有活动部件的视图功能块，同时利用人机界面功能块实现各项可视化参数的手动调试，并测试视图功能块的信息交互接口 VI。

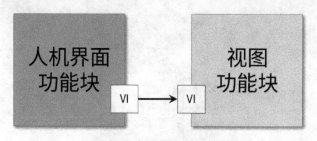

图 4-23　视图-人机界面配置

视图功能块的开发方式取决于所使用的 IEC 61499 工具平台提供的渲染机制，本章采用 FBench 开源项目中的渲染库来实现 FBDK 平台中的图形动画。如图 4-24 所示，Render 和 RenderRot 是该库中的两个核心渲染功能块，其中：

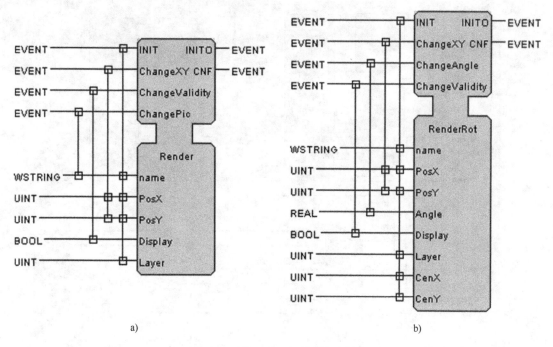

a)　　　　　　　　　　　　　　b)

图 4-24　用于 FBDK 的渲染功能块
a) Render 功能块　b) RenderRot 功能块

- ChangeXY 配合 PosX 和 PosY 用于定义图像的坐标。
- ChangeAngle 配合 CenX、CenY 和 Angle 用于定义图像的旋转角度。
- ChangeValidity 用于刷新图像。
- ChangePic 配合 name 用于更改被渲染的图像。
- Display 决定是否显示图像。
- Layer 指定图像所在图层。

利用 Render 和 RenderRot 功能块可以实现图像的分层渲染、显示和隐藏、垂直和水平移动以及旋转等动画效果。

图 4-25 展示了为供料匣模块开发的原型视图功能块，其中：

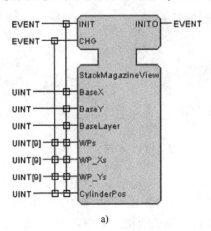

a)

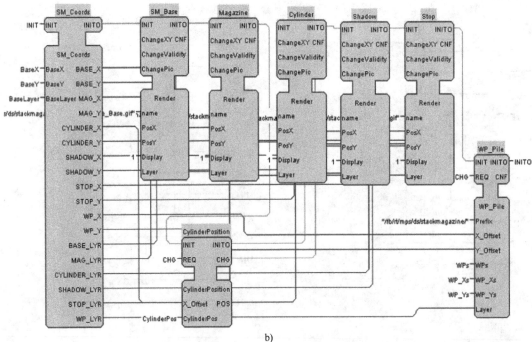

b)

图 4-25　供料匣模块的视图功能块

a) 外部接口　b) 内部功能块网络

- SM_Coords 功能块：依据初始坐标[BaseX, BaseY]和显示图层 BaseLayer 配置供料匣模块各个部件图像的相对坐标和图层。
- SM_Base、Magazine、Cylinder、Shadow 和 Stop 功能块：用于渲染供料匣模块的底座、重力供料匣和水平推杆等部件的图像。
- WP_Pile 功能块：负责各个工件图像的渲染。
- CylinderPosition 功能块：用于转换水平推杆坐标的辅助功能块。

94

在初步完成供料匣模块的视图功能块后，下一步便是依照分层 MVC 框架为其创建一个用于调试的系统配置。如图 4-26 所示，STACK_MAGAZINE_VIEW 系统配置包含 HMI 和 DISPLAY 两个设备，开发者可以在 HMI.RES1 资源中自由创建包含滑动条和下拉框等人机界面组件的控制面板，并借此手动验证 DISPLAY.RES1 资源所含料匣模块的各个活动部件的可动范围和显示效果是否满足设计需求。

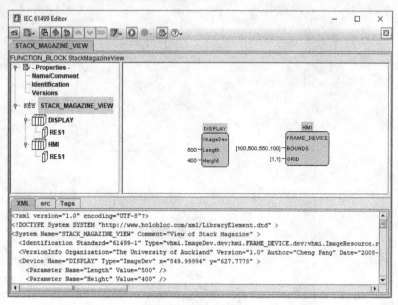

a)

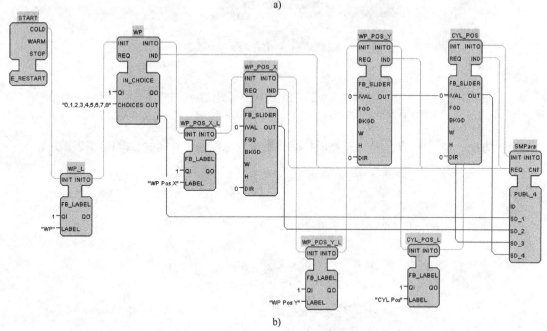

b)

图 4-26　供料匣模块的视图-人机界面测试系统配置

a) STACK_MAGAZINE_VIEW 系统配置　b) HMI.RES1 内部内容⊖

⊖　此处也可以选择将所有组件功能块封装为一个独立的人机界面功能块。

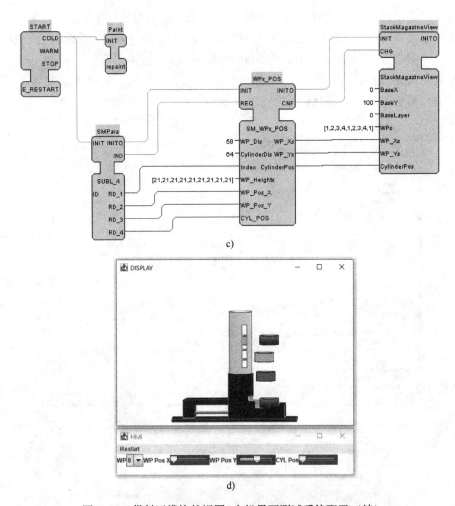

c)

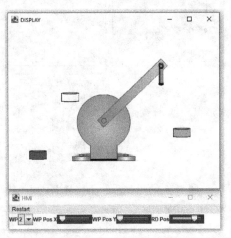

d)

图 4-26　供料匣模块的视图-人机界面测试系统配置（续）

c）DISPLAY.RES1 内部内容　　d）利用人机界面调试供料匣模块的视图功能块

另一方面，如图 4-27 所示，遵循同样的开发流程可以构建并测试载模块的视图功能块。

图 4-27　利用人机界面调试装卸模块的视图功能块

利用视图-人机界面这一测试系统配置可以直观地手动操作和验证分发工作站的不同行为，并形成如图 4-28 所示的 UML 时序图等文档用以描述分发工作站的正常工序流程。

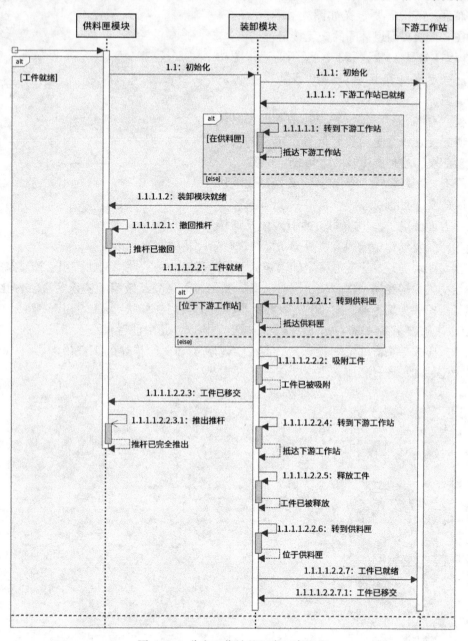

图 4-28　分发工作站的正常工序流程

4.4.2　模型-视图-人机界面开发阶段

由于视图功能块只能渲染部件的静止状态，并且不能反映在物理规则下部件间的相互作用，因此需要开发相应的模型功能块以体现各个部件应有的物理特征，并进一步提升设计的真实性，同时将离散、单一的操作按一定的逻辑和规则组合起来，进而模拟所需要的受控对

象的动态行为。模型功能块的开发先要明确将被
模拟的组件及其行为特征，同时根据实际情况决
定建模精度；其次需要定义如图 4-29 所示的模
型、视图和人机界面组件间的交互接口，其中：

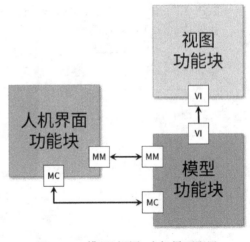

- 模型-视图（MV）接口：延用前述视图功
  能块定义的交互接口输出需要可视化的
  数据。
- 模型-控制器（MC）接口：依据受控对象
  所能接收和发送的控制信号来定义的模型
  功能块和控制器功能块之间的交互接口。
- 模型-模型（MM）接口：定义模型功能块
  间需要交互的物理信号和状态数据等信息。

图 4-29　模型-视图-人机界面配置

另一方面，由于模型功能块的引入以及新接
口的使用，需要创建相应的人机界面功能块进行新一轮的交互测试。

　　模型功能块的开发应遵循一定的模板从而保障建模的一致性，例如按照受控对象的物理
结构和运动规律构建模型功能块，同时借助标准化的信息交互接口和协议实现组件化开发。
还以供料匣模块为例，如图 4-30 所示供料匣模块的模型功能块 StackMagazineModel 主要由
Linear2Sensor_SM 和 StackMagazineWPs 两个功能块组成，其中前者模拟水平推杆的直线运动
以及两个感应式传感器的感知状态，后者在实现图 4-30c 所描述的工件传递协议的基础上
模拟各个工件的传递过程。

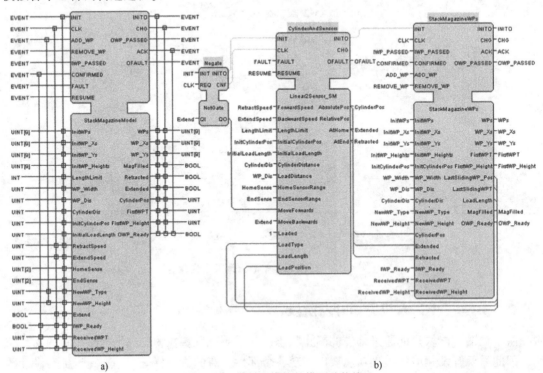

a)　　　　　　　　　　　　　　　　　　　　b)

图 4-30　供料匣模块的模型功能块

a) 外部接口　b) 内部功能块网络

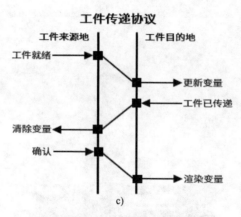

图 4-30　供料匣模块的模型功能块（续）

c）服务序列图

在完成模型功能块的开发后需要创建一个新的系统配置对其进行功能性测试，图 4-31a 展示了供料匣模块的一种模型-视图-人机界面功能块配置方式，在其下供料匣模块中的水平推杆和工件将会依照 StackMagazineModel 所定义的物理规则有序运行。新的人机界面组件将通过控制命令，如 EXTEND 等，触发模型功能块执行相应的仿真运算，相关运算结果会被周期性地发送到视图功能块，从而实现受控对象状态变换的动画化。

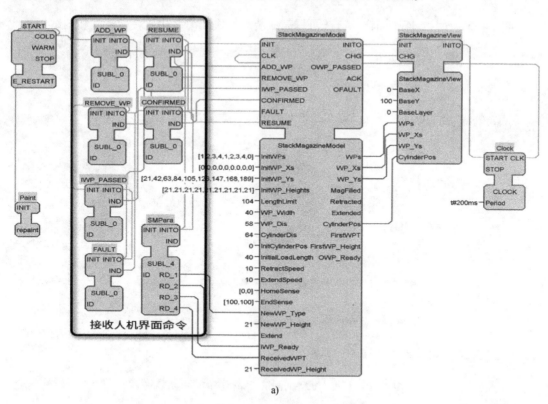

a）

图 4-31　供料匣模块的模型-视图-人机界面测试系统配置

a）模型-视图-人机界面测试系统配置

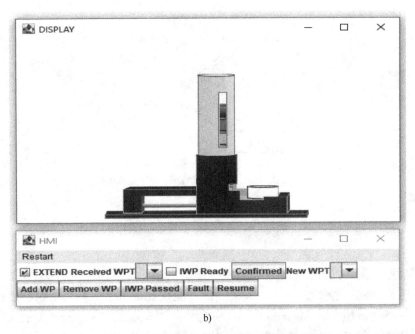

图 4-31　供料匣模块的模型-视图-人机界面测试系统配置（续）

b）仿真界面

如图 4-32 所示，依照同样的方法可以完成装卸模块的模型功能块的开发和调试。

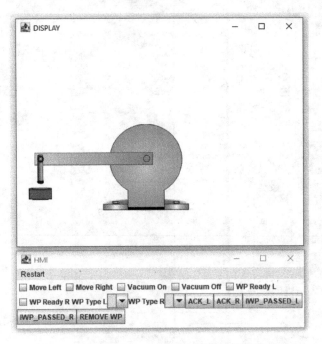

图 4-32　利用人机界面测试装卸模块的模型功能块

由于供料匣模块和装卸模块两者的模型功能块都采用了一样的交互接口和协议，因此它们可以无缝连接，从而组成图 4-33 中的分发工作站。

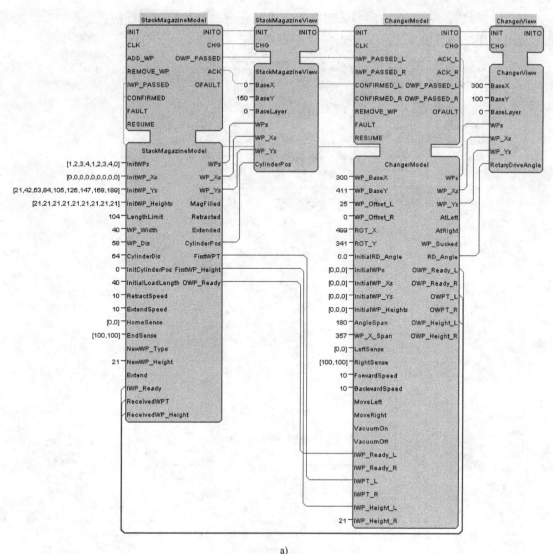

a)

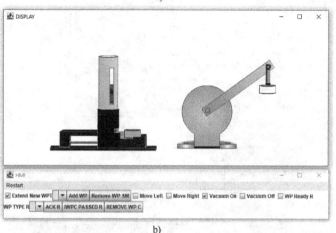

b)

图 4-33　分发工作站模型-视图-人机界面系统配置

a）模型-视图-人机界面系统配置　b）仿真界面

最后，单从图 4-33a 中很难辨认出各功能块间是通过何种接口进行信息交互的，此时可以充分利用适配器接口的特性按图 4-34 中展现的方式对各交互接口进行分类和重组。

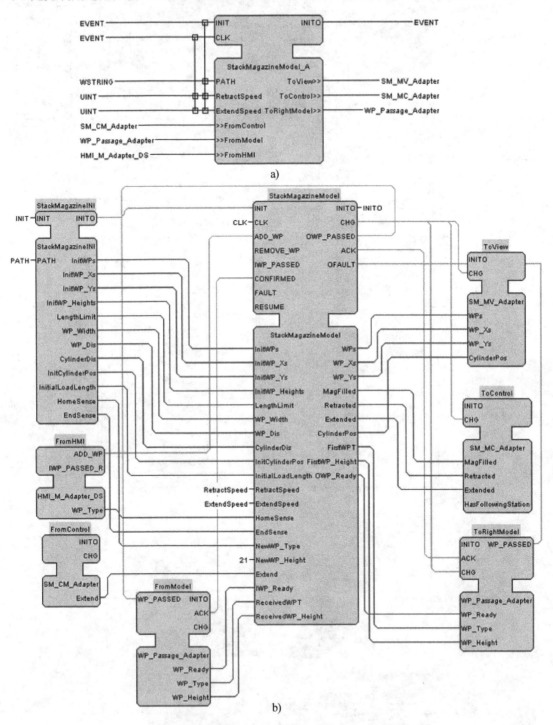

图 4-34　利用适配器接口对信息交互接口进行封装

a) 外部接口　b) 内部功能块网络

4.4.3 模型–视图–控制器–人机界面开发阶段

模型功能块所模拟的各项功能可以以任意方式进行组合，但并不是所有功能的组合都具有现实意义或效果，因此可以通过控制器功能块对所需的控制流程和逻辑算法等进行明确定义。针对不同的应用场景可以开发相应的控制器功能块，但它们必须拥有一致的交互接口。如图 4-35 所示，控制器功能块在沿用前述模型–控制器接口的基础上额外引进了：

- 控制器–控制器（CC）接口：定义控制器功能块间可以交互的信息。
- 人机界面–控制器（HC）接口：提供操作员与控制器间的交互界面。

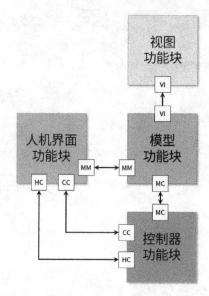

图 4-35　模型–视图–控制器–人机界面配置

受惠于模型功能块和视图功能块所提供的仿真模型和可视化功能，控制器功能块的开发将变得十分快捷和直观。图 4-36a 展示的控制器功能块实现了图 4-28 中描述的供料匣模块的工序流程，在配合图 4-36b 中的人机界面功能块和系统配置后可以进行闭环仿真。另外，如图 4-36c 所示，由于控制逻辑已被内置于控制器功能块中，因此不再需要包含过多人机交互组件的控制面板。

同样地，依照图 4-28 中描述的工序流程可以构建出图 4-37 中展示的用于测试装卸模块的控制器功能块的系统配置。

最后，如图 4-38 所示，分发工作站的构建非常直观，只需将供料匣模块和装卸模块的模型–视图–控制器功能块一一连接后，配上相应的分发工作站控制器功能块和人机界面功能块即可。分发工作站控制器功能块的设计有多种方式，一种是在已有供料匣模块和装卸模块的控制器功能块的基础上编写必要的协作逻辑，另一种则是创建新的控制器功能块直接取代供料匣模块和装卸模块的控制器功能块。

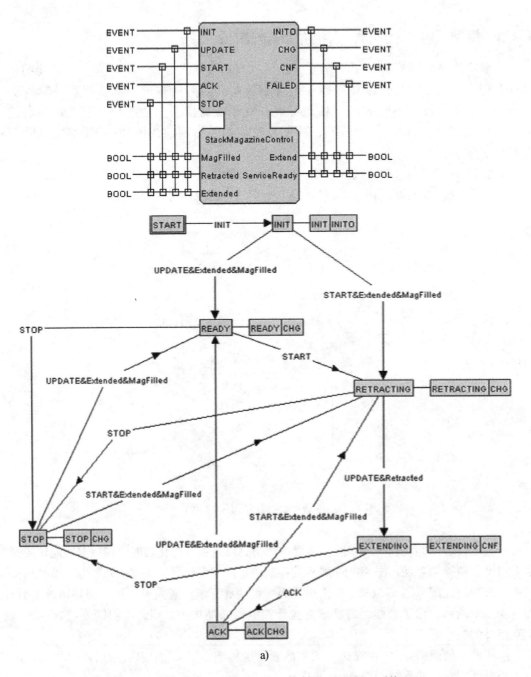

a)

图 4-36 供料匣模块的模型-视图-控制器-人机界面系统配置

a）供料匣模块的控制器功能块

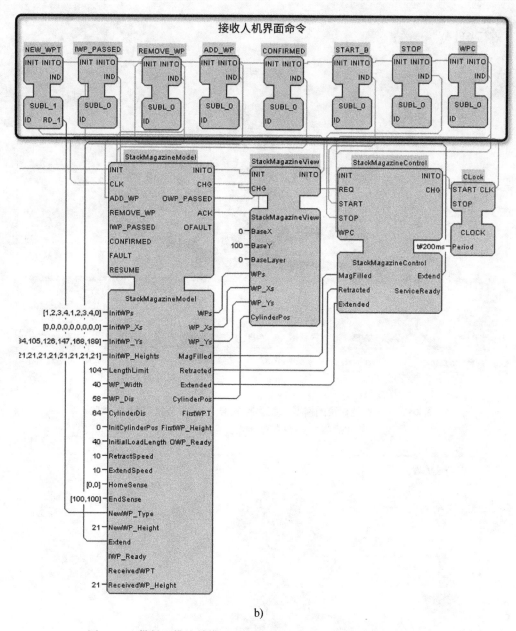

b)

图 4-36 供料匣模块的模型–视图–控制器–人机界面系统配置（续）

b）供料匣模块的模型–视图–控制器–人机界面组件

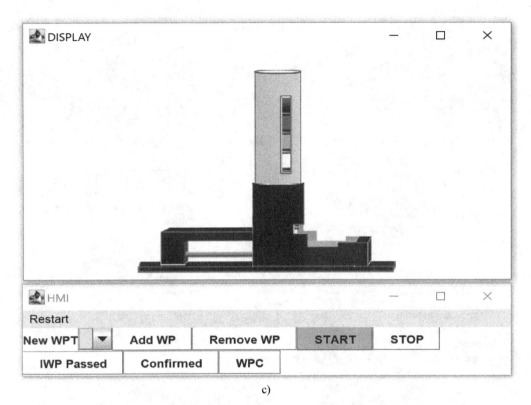

c)

图 4-36　供料匣模块的模型–视图–控制器–人机界面系统配置（续）

c）供料匣的模型–视图–控制器–人机界面测试

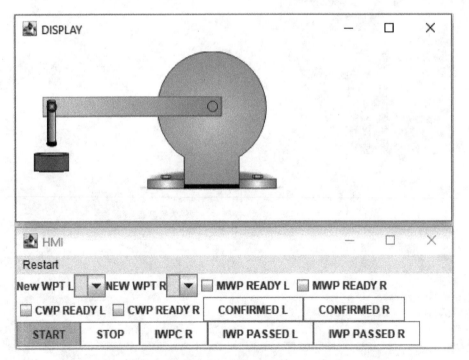

图 4-37　装卸模块的模型–视图–控制器–人机界面测试

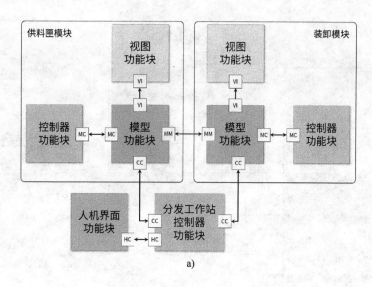

a)

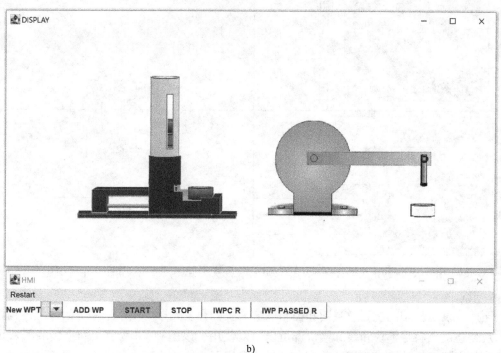

b)

图 4-38 分发工作站的模型–视图–控制器–人机界面系统配置

a）模型–视图–控制器–人机界面系统配置 b）仿真界面

在完成分发工作站的测试和验证后也可以按照模型–视图–控制器框架做进一步的重构，配合适配器接口的使用形成如图 4-39 所示的纵向封装。

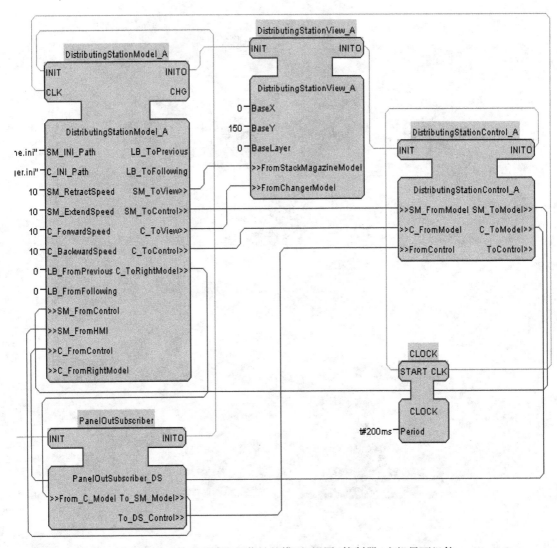

图 4-39　重构后的分发工作站的模型-视图-控制器-人机界面组件

　　至此分发工作站的模型、视图和控制器功能块皆开发完毕，由于采用了组件化的构筑方式，所创建的供料匣模块和装卸模块都可以重复使用。以图 4-40 为例，两个装载模块可以组成新的搬运系统，通过复用装载模块的模型和视图功能块再配合新的人机界面开发者可以借助闭环仿真快速验证新系统的可行性。

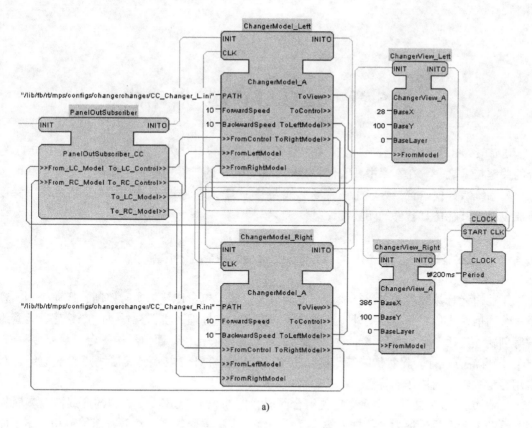

a)

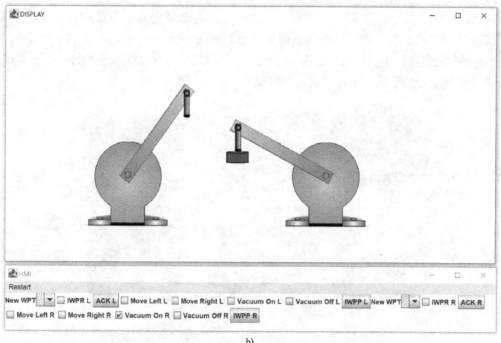

b)

图 4-40　包含两个装卸模块的搬运系统

a）模型–视图–人机界面系统配置　b）仿真界面

第 5 章　IEC 61499 扩展功能

IEC 61499 标准除了能提供分布式控制系统的整体设计之外，同样也能成为 OT 与 IT 融合的关键技术之一。在本章中，我们将介绍 IEC 61499 的扩展功能，包括作为工业互联网边缘计算系统级建模语言，集成工业现场总线与各种 IT 通信协议，与 OPC UA 信息模型深度集成以及与其他仿真软件的闭环测试。

5.1　工业边缘计算 OT 与 IT 编程语言混合设计

工业边缘计算种类繁多，行业应用差异巨大，除了包含传统的实时控制、运动控制、现场总线通信、人机界面等功能外，还融合了数据采集与处理、机器视觉、生产管理、运营维护等创新性应用。无论是侧重于 OT 或是 IT 的工业边缘 APP，面向异构平台都需要多种 OT 与 IT 语言混合设计。显然传统基于桌面应用的工业软件开发方式已无法满足工业边缘计算应用轻量、灵活与协作的特性。

工业边缘 APP 通常是由多个功能组合而成，例如一个 PCB 质量检测的产线涉及实时控制、运动控制、机器视觉、数据采集、模型训练、人机界面等多项功能，而每项功能则可能由不同的编程语言所开发。如图 5-1 所示，实时控制通常采用基于 IEC 61131-3 的逻辑控制，运动控制多基于 G 代码，而机器视觉则采用 Python 或者 C++ 等高级语言。如果将每个功能看作是独立的微服务，则需要使用一种统一的建模语言将这些微服务编排。而 IEC 61499 标准是目前最适合的系统级建模与流程编排语言。

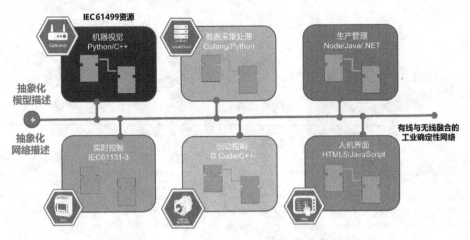

图 5-1　基于 IEC 61499 的 OT 与 IT 多编程语言混合设计

IEC 61499 标准提供了基于事件触发功能块的标准封装方式，对包含 IEC 61131-3、C++ 等高级语言的逻辑进行统一封装。IEC 61499 标准中并未对功能块所封装逻辑算法的编程语言做出限制，即用户可以使用任意编程语言来完成逻辑算法，这些可以是 IEC 61131-3 所定义的 PLC 编程语言，同样也可以是 C++、Java、Python 等高级语言，甚至可以使用 HTML5/JavaScript 等网页技术来满足可视化需求。如图 5-2 所示，在一个 PCB 质检应用中，需要集成摄像头来对流水线上的 PCB 进行质量检测。同时当发现有质量瑕疵时，需要驱动机械臂来将需要返工的 PCB 挑出。在这个系统设计中，使用 IEC 61131-3 结构化文本语言来设计传送带节拍控制，C++ 来编写机器人运动控制，使用 HTML5 来设计人机交互界面，最后使用 Python 进行图像处理。当完成功能设计后，分别将这些模块映射到工控机、触摸屏以及机器人控制器上，完成一体化部署。

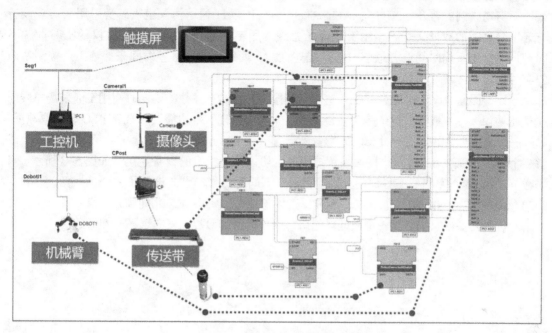

图 5-2　基于 IEC 61499 的 PCB 质检系统设计示例

除此之外，标准中提供了功能块网络模型、资源模型、设备资源等完整的软件模型来支持模块的高复用性与可移植性。如将每个功能块看作是独立的应用服务，那么功能块网络则是对这些独立应用服务的统一编排。功能块网络将各个功能块通过控制流与数据流整合，形成一个或者多个应用程序，通过 IEC 61499 部署模型将应用程序映射到不同的边缘计算节点上，这些节点可以是传统的 PLC，也可以是传感器、变频器甚至是网关。当搭载了 IEC 61499 的运行环境后，这些边缘计算节点就可以共同支撑系统级工业边缘计算应用的统一建模与设计。

与 UML 等 IT 系统建模语言不同的是，IEC 61499 提供了完整的功能块执行机制，因此功能块网络能够被直接部署与执行，从而减少了从建模语言到可执行代码的转换，避免了由于模型转换造成的代码质量问题，从而提升了设计的效率。另外，相对于 NodeRed 等流程编排语言而言，IEC 61499 则提供了完备的编程语义以及复杂程序结构支持。

如何高效设计 OT 与 IT 融合工业互联网边缘计算应用一直是制约工业互联网价值落地的关键技术之一。IEC 61499 标准能够赋予工业边缘应用开发过程中的软硬件解耦能力，使其适用于拥有不用计算、储存与通信能力的工业边缘计算节点，提升系统设计、开发、测试与部署过程中的灵活性、互操作性与可移植性。

5.2 工业现场总线与 IT 通信协议集成

工业互联网 OT 与 IT 融合难的另外一个问题是通信协议的集成。工业控制与现场总线密不可分，工业现场总线提供了控制器与现场终端间的确定性实时数据交互。工业现场总线正由基于串口通信方式向基于以太网的总线网络过渡，目前主流的工业现场总线基本几乎都是以太网的，例如 Modbus TCP、PROFINET、EtherNet/IP、EtherCAT 等。这些总线提供了毫秒级的确定性数据交互协议，确保了工业控制系统的实时性与可靠性要求。另外一方面，随着云计算与物联网的普及，MQTT、WebSocket、HTTP 等 IT 通信协议也被广泛采用来实现设备与云平台之间的数据交互。相比工业现场总线的固定更新周期，IT 通信协议的实时性并不固定，通常用平均时间或者最佳时间来描述性能，而需要使用最差时间来保证工业控制系统的实时性。

当设计面向 OT 与 IT 融合的工业边缘计算应用程序时，往往需要同时使用工业现场总线与 IT 通信协议。一个典型的例子是工业现场数据采集与处理，一边需要从现有 PLC 上读取数据，另外一边将处理完的数据通过 MQTT 发送到云端。在 IEC 61499 部署模型中，可以配置一个或者多个网段（Segment），每个网段设置成不同的协议并与相应的设备连接。如图 5-3 所示，只需在 IEC 61499 的部署组态界面内分别配置两个不同的网络，南向设置了一个读取西门子 S7-1500 的 PLC 数据的网络，包含 PLC 地址，读取等待时间等参数。北向则是设置了一个 MQTT 网络，包括云平台 MQTT Broker 地址、端口、话题名称等参数，来向云平台推送数据。

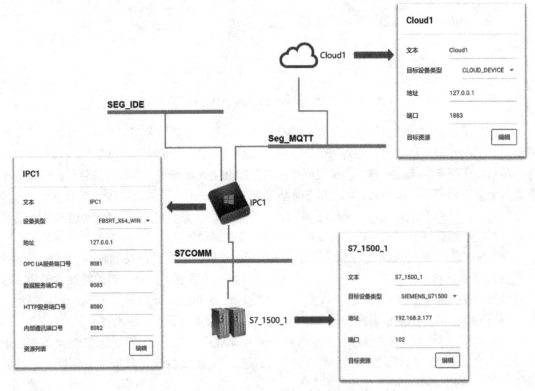

图 5-3 基于 IEC 61499 的数据采集部署组态示例

当配置完成后，只需要在应用设计中插入相应的服务接口功能块来对接口进行读写。如图 5-4 所示，通过 E_CYCLE 事件功能块来定期触发 S7COMM_READVAR 服务接口功能块，并读取西门子 S7-1500 上的变量数据，此服务功能块中定义了需要读取的变量名称、类型以及地址。然后，这些变量将传递到预处理模块，判断变量值是否更新。当有变化时，再通过 COM_MQTT_Client 服务接口功能块发送给云端。一个复杂的数据采集与过滤应用在 IEC 61499 设计中仅需 5 个模块以及简单连接配置即可完成所有任务。用户也可以使用任意语言编写自定义服务接口功能块来实现串口通信等其他通信协议，基于 IEC 61499 的系统拥有极大的开放性与扩展性。

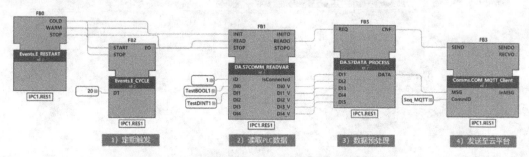

图 5-4　基于 IEC 61499 的数据采集应用设计示例

目前，几乎所有的 IEC 61499 编程工具与运行环境都支持数种工业现场总线，并且已经集成了一定数量的 IT 通信协议，例如 TCP、UDP、MQTT 等。随着标准落地的开展，更多的 IT 通信协议与工业现场总线将被集成到统一环境中。

5.3　OPC UA 信息模型集成

OPC UA 作为跨平台机器间信息交互协议，已经成为开放自动化系统中 OT 与 IT 信息融合技术之一。目前所有基于 IEC 61131-3 的 PLC 以及 DCS 系统都支持 OPC 接口，SCADA 系统可以通过 OPC DA 协议来与 PLC 和 DCS 交换数据。OPC UA 在 OPC DA 的基础上拓展了使用范围，不但可以解决控制层与监控层的数据交互问题，也能提供不同类型的设备间的互操作。除此之外，OPC UA 还定义了面向对象的信息模型，可以为对象类型建立时间、方法与属性，同时也可以定义对象间的相互关系。目前新一代的 PLC 已经支持 OPC UA 协议。

IEC 61499 与 OPC UA 的深度融合已经进入快速发展阶段，现在几乎所有的 IEC 61499 集成开发环境以及运行环境都已经支持 OPC UA 协议。IEC 61499 与 OPC UA 信息模型集成分为两个层面。首先是在变量数据共享层面，几乎所有的 IEC 61499 平台都支持将功能块的输入或者输出变量映射到 OPC UA 对象模型中，用户可以通过 OPC UA 客户端对这些变量进行读写操作。

其次，在信息模型层面，面向对象的 IEC 61499 功能块可以以 OPC UA 信息模型对象的形式存在。用户可以将 IEC 61499 系统模型与 OPC UA 信息模型进行映射，来实现基于 IEC 61499 的 OPC UA 图形化建模方法。完整的 IEC 61499 软件模型自顶到底包括系统模型、设备模型、资源模型、应用模型和功能块模型，此外 IEC 61499 也定义了管理模型，可以通过管理指令对上述模型进行增加、删除、修改等操作。OPC UA 信息模型提供了面向对象节点的信息表述模型，对象节点中可存放数据的变量节点、可调用函数的方法节点和子对象节点，同时，节点之间通过引用设置相互关系。如图 5-5 所示，通过定义 IEC 61499 与 OPC UA 之间的实体映射规则，可以将系统模型、设备模型、资源模型、应用模型和功能块模型中包含的实体映射到 OPC UA 领域信息模型或自定义的信息模型。

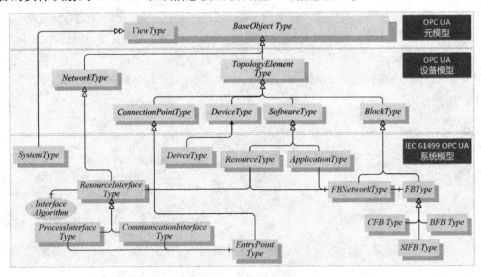

图 5-5　IEC 61499 与 OPC UA 实体映射规则

当我们以面向对象编程方法设计 IEC 61499 应用时，可以直接应用以上的映射规则来自动生成 OPC UA 对象信息模型。通过自动为每个功能块实例建立一个 OPC UA 对象，将所有输入与输出事件与变量自动映射为子对象。我们为 IEC 61499 每个事件建立了触发方法，允许从外部设备触发内部事件。除了正常的读写功能之外，也为每个功能块的变量设置了强制写入值方法，方便用户调试。如图 5-6 所示，以物流分拣系统为例，当插入一个传送带功

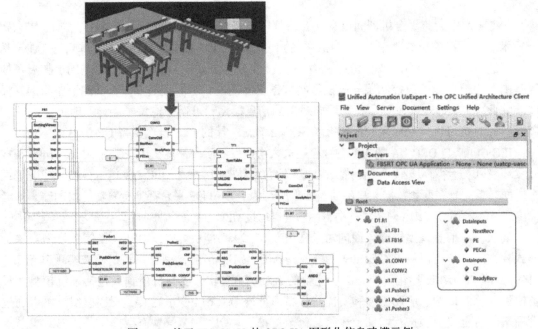

图 5-6　基于 IEC 61499 的 OPC UA 图形化信息建模示例

能块时，会将接近光电传感器、电机开关信号等输入/输出信号自动列入 OPC UA 对象模型，同时也可以对这些变量进行读写操作。即使没有见到实际代码，通过 OPC UA 客户端也能快速识别系统结构以及设备相互关系，无需设计文档或用户手册支持。

通过融合 IEC 61499 系统模型与 OPC UA 信息模型，可以为 OPC UA 提供一套便捷的图形化建模方法，在完成系统功能时同步完成信息模型，大幅度提升 OPC UA 建模效率，解决现在 OPC UA 建模复杂、修改困难的问题。

5.4 闭环仿真测试

当一个系统设计开发完成后，通常需要花费大量时间与人力对系统进行测试。闭环仿真是一个常用的测试方法，可以在硬件不完备的情况下测试软件功能。如 4.4 节中介绍的 MVC 设计方法中，IEC 61499 标准可以通过模型（Model）与控制（Control）模块之间形成闭环来实现模拟测试，用户可以自己编写简单模型来对控制功能进行验证。

模拟测试能实现模块级功能的验证，但仅仅是这样的模拟满足不了整体系统的测试需求，因此会借助仿真软件来对系统进行整体测试。仿真软件除了提供系统整体性测试外，还能提供系统内对象的物理特性模拟。如图 5-7 所示，当从模拟转向闭环仿真测试时，仅需将 MVC 模型中模型（Model）模块替换成与仿真软件通信的模块，将系统的输出变量作为仿真软件的输入变量，并将仿真软件的输出变量连接系统的输入变量即可实现闭环测试。

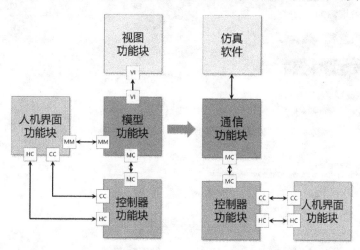

图 5-7 IEC 61499 闭环仿真测试方法

如图 5-8 所示，以一个简单的物流系统级联停止（Cascade Stop）为例，使用 Factory I/O 仿真软件来介绍 IEC 61499 系统闭环仿真方法。在系统内设置了两条传送带，并且在下游为每条传送带设置了一个光电传感器。

基于 IEC 61499 面向对象的设计方法，如图 5-9 所示，为每个传送带建立一个控制功能块。此外，也创建了一个人工界面功能块来控制整套系统的启停。最后，设置了 Modbus TCP 协议与 Factory I/O 仿真软件进行输入输出交互，使用 E_ CYCLE 模块来控制数据交换的周期。

当功能开发完成后，需要对网络进行设置，如图 5-10 所示，配置一个 Modbus TCP 的工业现场总线，并填写仿真软件的地址与端口。

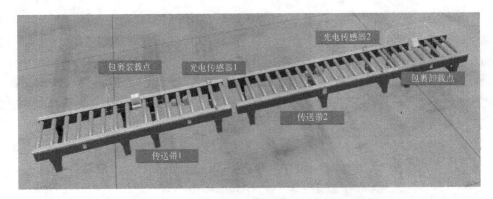

图 5-8　物流系统级联停止功能示例

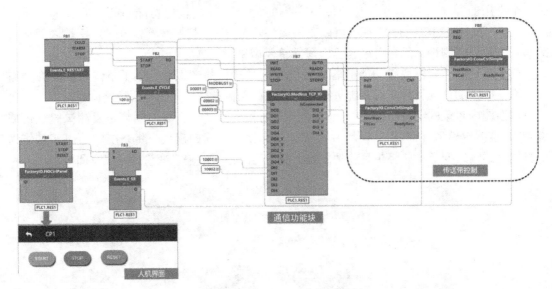

图 5-9　IEC 61499 系统设计示例

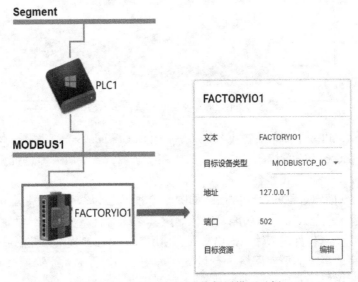

图 5-10　IEC 61499 系统部署模型示例

下一步需要在仿真软件内对闭环信息进行设置。如图 5-11 所示，在 Factory I/O 内选择 Modbus TCP/IP Server，设置相应的地址、端口号以及输入/输出的数量。最后将每个 I/O 配置到相应的地址上完成配置。

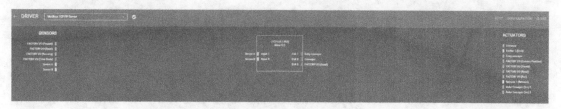

图 5-11　Factory I/O 通信设置

当运行仿真软件与 IEC 61499 系统时，系统将正常输送包裹（见图 5-12a）。当在人机界面上按下停止按钮后，系统并不会马上停止，而是当包裹抵达传送带下游光电传感器处才会停止（见图 5-12b）。

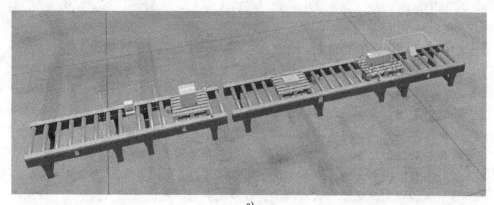

a)

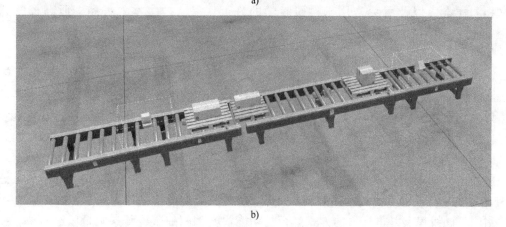

b)

图 5-12　IEC 61499 与 Factory I/O 闭环仿真结果验证
a）正常运行状态　b）级联停止状态

除了 Factory I/O 之外，IEC 61499 系统也能与 Matlab Simulink、Visual Components、Emulate 3D 等其他仿真软件通过 EtherCAT、EtherNet/IP、OPC UA 等多种协议进行闭环仿真测试。借助仿真软件，可以在部署前对系统功能进行完整验证，从而提升 IEC 61499 系统的测试与部署环境效率。

第6章 IEC 61499 集成开发环境及工具

自 IEC 61499 标准发布以来，学术界和工业界涌现出一系列的开发工具平台，本章将介绍目前仍然活跃的 IEC 61499 开源项目和商业产品。目前基于 IEC 61499 的解决方案有 Holobloc 公司的 Function Block Development Kit（FBDK）/Function Block Runtime（FBRT），4DIAC 的 4DIAC IDE/Forte Runtime，施耐德电气的开放自动化平台 EcoStruxure Automation Expert，罗克韦尔自动化的 Connected Component Workbench（CCW）、MicroLogix 850 系列以及上海乐异自动化的海王星模块工匠 Function Block Builder（FBB）/Function Block Service Runtime（FBSRT）等产品。在本章中，我们将对这些工具的特性进行详细介绍。

6.1 Function Block Development Kit（FBDK）

Function Block Development Kit（FBDK）是世界上第一款用于 IEC 61499 应用开发的示范性工具，由 James H. Christensen 博士最初于罗克韦尔自动化先进技术部（Advanced Technology Division of Rockwell Automation）研发，其主要目的为展示 IEC 61499 标准在当时的先进功能和特性，FBDK 目前由 Holobloc 公司负责后续的开发、维护和推广。FBDK 的版本迭代贯穿 IEC 61499 标准的整个制定和修订过程，被广泛用于标准原型概念的示范和评估，图形模型和文件交互格式的测试，以及工具合规性验证等方面。鉴于 FBDK 丰富的文档和样本库以及可免费用于科研教学的许可，它已被多本教材和多所高校的课程采用。

如图 6-1 所示，FBDK 包含基于 Java 开发的功能块编辑器（Function Block Editor，FBEditor）和功能块运行时（Function Block RunTime，FBRT）两部分。开发者可以借助 FBEditor 集成开发环境以所见即所得的方式进行图形化编辑和开发，并将所开发的功能块应用编译为 Java 类后动态加载到 FBRT 上执行。FBRT 提供必要的内核和 Java 类库让功能块应用可以运行于任何支持 Java 虚拟机的硬件设备上，同时通过基于 XML 的管理协议执行来自 FBEditor 的管理命令。

FBDK 采用一种名为"非抢占式多线程资源"（Non-Preemptive Multi-Threading Resource，NPMTR）的功能块调度模式：在 FBDK 中每个功能块类型都被编译为一个相应的 Java 类并被映射到不同线程上以非抢占的方式运行，功能块实例间的事件传递则是以最简单直接的 Java 函数调用的方式实现。以图 6-2 为例，在 FBDK 中 FB_1 和 FB_2 两个功能块实例会在两个线程上分开运行，当 FB_1. EO 被触发时，与 FB_2. START 相关的函数将会被调用并启动 FB_2 的执行，因而会在激活 FB_2 所在线程的同时挂起 FB_1 所在线程；FB_2 的执行将通过 FB_2. EO 再次触发 FB_2. START，从而形成闭合事件循环（Closed Event Loop），此时由于非抢占式调度的关系，FB_1 所在线程将永远被挂起，同时整个资源也将被卡死不能接收任何新的外部事件信号。

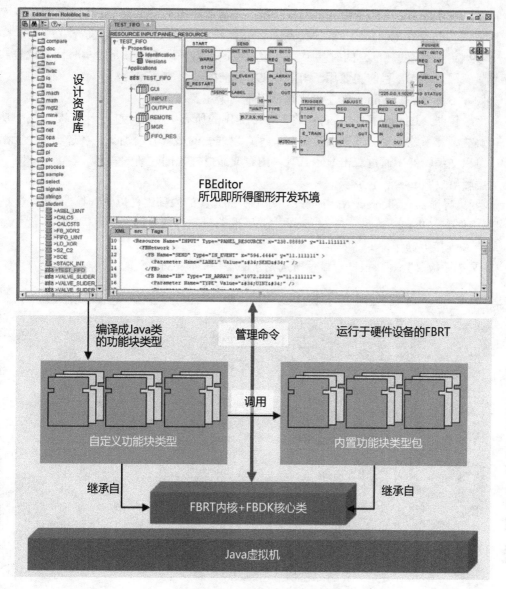

图 6-1　FBDK 架构示意图

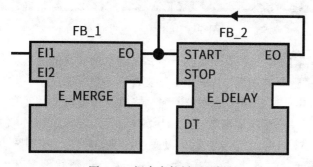

图 6-2　闭合事件循环示例

FBDK 利用 Java 语言的特性和机制构建出一个简单易用的跨平台 IEC 61499 集成开发环境，但也因为过于依赖 Java 语言的关系导致一些问题，例如 NPMTR 执行模式并不符合 IEC 61499 标准设定的规范，同时基于 Java 虚拟机的运行环境不能满足对实时性要求较高的应用场景，因此 FBDK 目前主要用于 IEC 61499 标准的概念演示和教学。

如图 6-3 所示，FBEditor 的主界面包括以下两个主要区域。

- 库导航器（Library Navigator）：将 FBDK 提供的所有 IEC 61499 设计元素（例如功能块类型、系统配置、适配器接口类型等）以列表的形式分门别类，在选定某个元素后可以在编辑器中通过双击显示其具体内容或通过拖拽创建新的实例。
- 编辑器（Editor），包含：

① 元素导航器（Element Navigator）：列出所选元素的内部组件以供选择。

② 工作表（Worksheet）：FBEditor 的主要图形编辑和开发界面，可以进行各种添加、删除、编排和连接等操作。

③ 文本面板（Text Panel）：显示所选元素的各种文本表示。

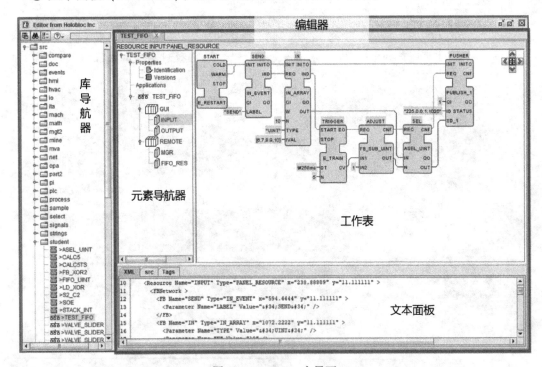

图 6-3　FBEditor 主界面

在 FBEditor 中元素的开发由选择模板开始，以基本功能块的创建为例，如图 6-4 所示。

1）从库导航器里选择并打开"template"文件夹中的"Basic"基本功能块模板后，可在工作表区域通过双击或右键单击的方式添加、修改外部接口上的元素；在任一事件端口上按住〈Alt〉键并拖拽鼠标至相应的数据端口后放开，可以创建两者的关联关系。

2）单击元素导航器中的"ECC"后可以通过右键创建执行控制图表中的各种元素，并可通过双击修改所选元素的属性；在右键"Algorithms"创建并编辑新的算法后，可以回到 ECC 视图，将该算法关联到相应的执行控制行动上。

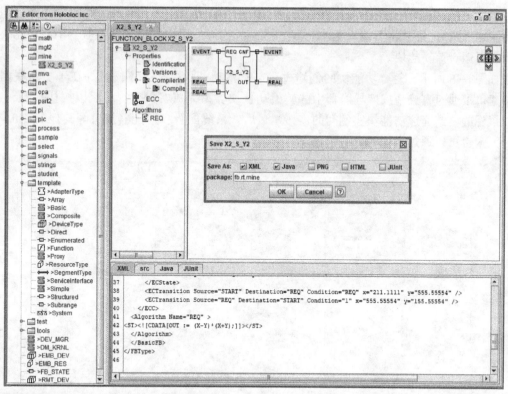

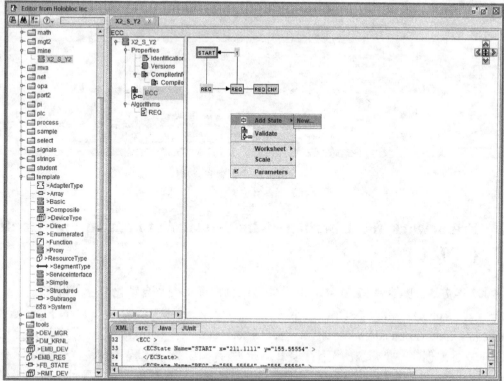

图 6-4　在 FBEditor 中创建基本功能块

3）在完成基本功能块的开发并配置好"CompilerInfo"后，可以单击 ⊠ 图标选择该功能块的 XML 储存地址并将其编译为 Java 类；当顺利编译后可以右键元素导航器中该功能块的名字选择运行该功能块。

如图 6-5 所示，复合功能块的创建过程与基本功能块类似，不同之处在于功能块网络的构建可以通过直接拖拽库导航器中的其他功能块类型完成实例化，然后以按住〈Alt〉键拖拽鼠标的方式完成功能块实例间的连接。最后，系统配置、适配器接口等其他 IEC 61499 设计元素也可以通过类似的方法创建。

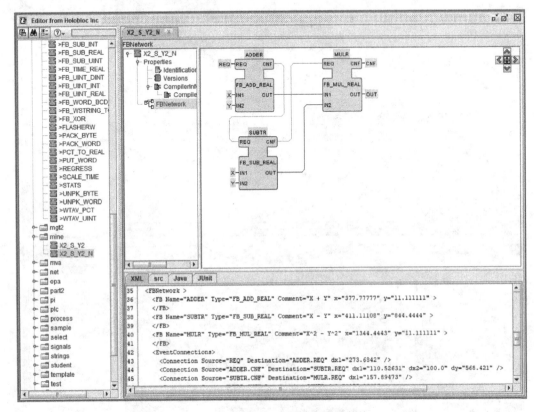

图 6-5　在 FBEditor 中创建复合功能块

6.2　Framework for Distributed Industrial Automation and Control (4DIAC)

2007 年 7 月，奥地利 PROFACTOR 公司和维也纳理工大学自动化与控制研究所（Automation and Control Institute）联合发起一个名为"分布式工业自动化和控制框架"（Framework for Distributed Industrial Automation and Control，4DIAC）的开源项目，旨在为 IEC 61499 标准创建一个开源的设计工具和运行平台。4DIAC 是世界上第一个完全由事件驱动同时满足实时性约束的 IEC 61499 标准实现，它已被广泛地移植到各类硬件平台和操作系统上；同时受惠于允许免费商用的 Eclipse 公共许可证 V2.0，4DIAC 的运行时环境已被 nxtSTUDIO、L-Studio 和 EcoStruxure Automation Expert 等商业工具所采用。

如图 6-6 所示，4DIAC 是由 4DIAC-IDE 和 FORTE（4DIAC RunTime Environment）两部分组成。4DIAC-IDE 是一个基于 Eclipse 框架、利用 Java 语言编写的集成开发环境，它为符合 IEC 61499 标准的分布式工业过程测量和控制系统提供一个可扩展的工程建模环境，并能够将所开发的应用无缝部署到运行 FORTE 的各类设备上。FORTE 是一个由 C++语言编写的面向 16 或 32 位轻量级嵌入式控制设备的 IEC 61499 实时运行时环境，它在实现多线程的同时依旧保持较低的内存消耗，并通过采用可扩展结构支持 IEC 61499 应用的在线重构。目前 FORTE 已支持 Windows、Linux、VxWorks 和 PikeOS 等操作系统，以及 Raspberry PI、Lego Mindstorms EV3、WAGO PFC 200 和 CONMELEON C1 等诸多硬件平台。

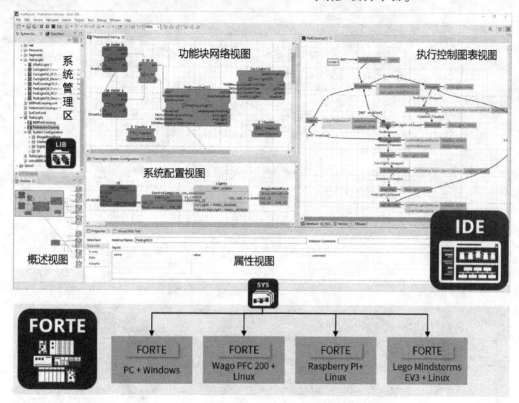

图 6-6　4DIAC 架构示意图

与 FBDK 基于 Java 虚拟机的动态加载不同，在 4DIAC 的架构中，集成开发环境与运行时环境完全解耦，这让 4DIAC 可以针对不同软硬件平台对 FORTE 进行优化配置，但也因此需要为每一种平台组合编译一套 FORTE。4DIAC-IDE 也是通过 XML 管理命令与 FORTE 进行交互，从而实现应用的在线部署、启停和重构。在 4DIAC-IDE 中开发的新功能块类型都必须添加进 FORTE 类型库里，一种方式是通过源代码重新编译成新的可执行文件，另一种方式是通过动态类型加载器（Dynamic Type Loader）实现在线添加，相比较而言，前者更轻量化而后者需要使用额外的即时编译器。

在执行模式上 FORTE 较为严格地实现了 IEC 61499 标准提出的各项规范。FORTE 以事件调度器（Event Dispatcher）的方式实现功能块网络的按序执行：所有事件信号都储存在事件调度器的先进先出事件列表中，只有在当前事件触发的功能块完成执行后，事件列表中的下一个事件才会被安排执行。另一方面，为保障功能块网络在不同资源中的独立运行，每一个资源都拥有一个专用的事件调度器。

如图 6-7 所示，4DIAC-IDE 在 Eclipse 平台的基础透视图（Perspective）上拓展出专用于 IEC 61499 应用开发的系统（System）、调试（Debug）和部署（Deployment）透视图[○]。系统透视图由以下四个部分组成。

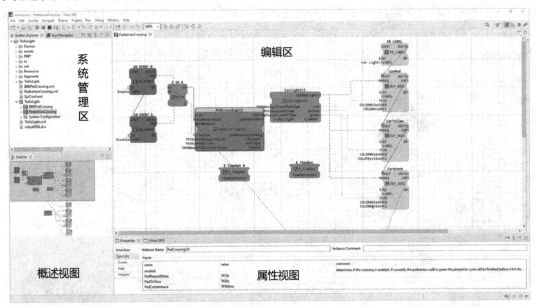

a)

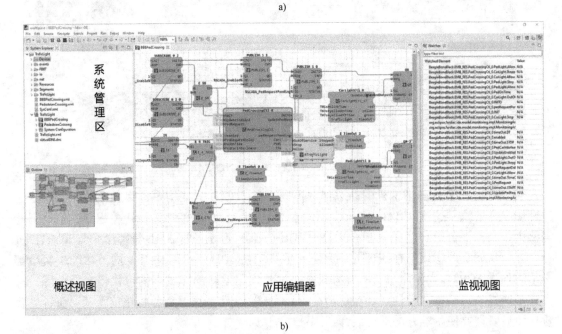

b)

图 6-7　4DIAC-IDE 透视图

a）系统透视图　b）调试透视图

○　本书使用的 4DIAC 版本为 1.13，该版本的详细配置说明请参照 https://www.eclipse.org/4diac/index.php。

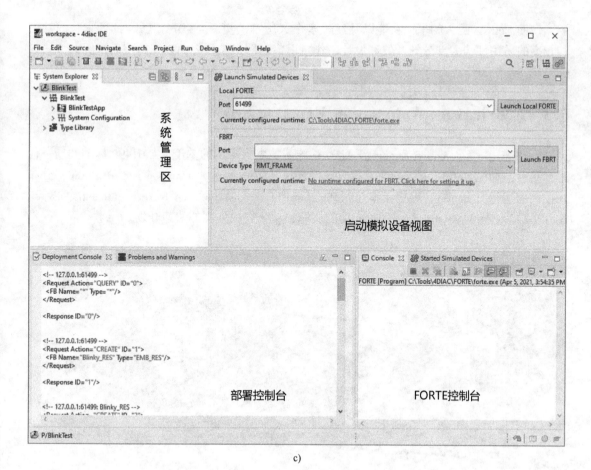

图 6-7 4DIAC-IDE 透视图（续）

c）部署透视图

- 系统管理区：提供用于管理 IEC 61499 应用以及配置系统设备和资源的各种功能。
- 编辑区：提供用于编辑 IEC 61499 设计要素的各种视图，包括系统配置视图、功能块网络视图、执行控制图表视图等。
- 概述视图：提供当前所选 IEC 61499 应用、系统配置、设备或资源的总览图。
- 属性视图：用于配置当前所选 IEC 61499 元素的相关属性。

调试透视图由以下四个部分组成。

- 系统管理区：提供用于管理 IEC 61499 应用以及配置系统设备和资源的各种功能。
- 概述视图：提供当前所选 IEC 61499 应用、系统配置、设备或资源的总览图。
- 应用编辑器：展示所选应用所含功能块网络并高亮显示被监视的变量。
- 监视视图：以列表的方式显示被监视变量的当前值。

部署透视图由以下四个部分组成。

- 系统管理区：提供用于管理 IEC 61499 应用以及配置系统设备和资源的各种功能。
- 启动模拟设备视图：用于配置和启动 FORTE 或 FBRT。
- 部署控制台：列出 4DIAC-IDE 与 FORTE 在部署过程中发生的所有交互信息。
- FORTE 控制台：显示本地运行的 FORTE 控制台输出内容。

借助 Eclipse 强大的平台功能以及经过多个大版本的更新，4DIAC 已经具有完善的功能和较高的易用性，大部分的开发和设计工作可以借助图形编辑界面以先拖拽后配置的方式快速完成。

6.3 EcoStruxure Automation Expert（EAE）

EcoStruxure Automation Expert（EAE）是施耐德电气推出的基于 IEC 61499 标准的新一代开发平台，如图 6-8 所示，包含了集成开发环境 EcoStruxure Automation Expert Studio，分布式控制的运行时 EcoRT，可用于本地测试的 SoftPLC，人机界面 EcoStruxure Automation Expert HMI（EAE HMI），Schneider Electric 功能块库，用于解决方案的快速开发。

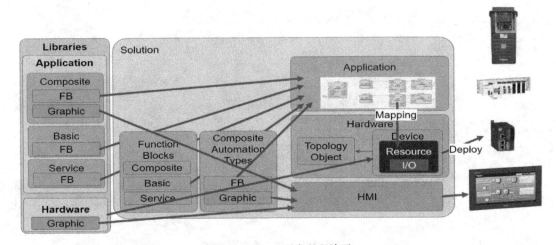

图 6-8　EAE 开发过程演示

EAE 的安装最小系统要求为 Windows 8.1 或者 Windows 10，1 GHz CPU 以上，2 GB 内存以上，1 GB 的硬盘剩余空间并且安装了 . NET Framework v4. 8。

EAE 具有以下特性。

- 功能块库提供了面向对象设计的解决方案。
- 功能块库包含了 HMI 组件。
- 提供自定义功能块，即使在源代码不可用的情况下，同样也能被部署使用。
- 复合自动化功能块（CAT）将逻辑功能和自定义 HMI 图形统一封装。

6.3.1 基本操作界面

EAE 的基本操作界面如图 6-9 所示。

工具栏顶部是菜单工具栏区，摆放了一些常用功能，如保存、全部保存、撤销等图标。同时，也放置了快速切换显示系统视图与部署诊断视图的图标。在其下面的是菜单栏，单击"File"菜单可以进入 EAE 的初始界面。可以新建、打开、导入或者导出整个解决方案，也可以安装/卸载库文件与插件。解决方案概览区可以浏览整个项目中的组件。如图 6-10 所示，主要分成两大部分，即当前已安装的参考库及解决方案自身部分。

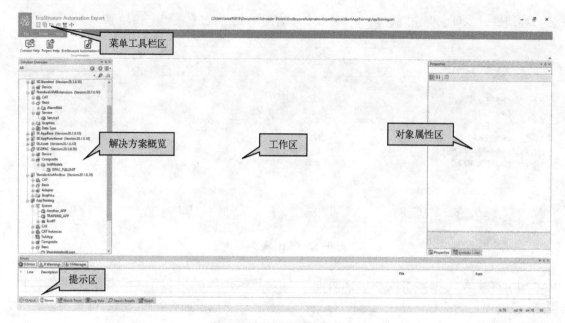

图 6-9　EAE 的基本操作界面

图 6-10　EAE 解决方案概览区

　　提示区在开发环境的底部，主要显示生成、调试时及查找时的输出信息，包括错误提示、警告信息等，如图 6-11 所示。

图 6-11　EAE 提示区示例

在调试时也可以调出观察窗口，可以显示查看对象的数值，如图6-12所示。

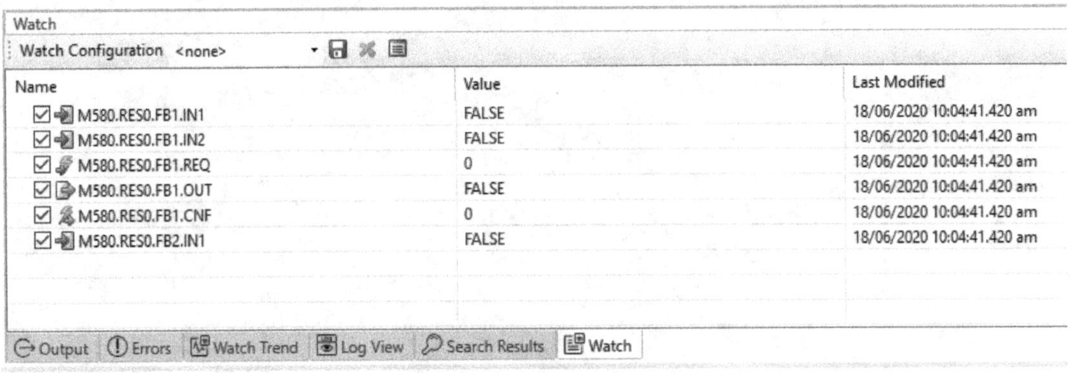

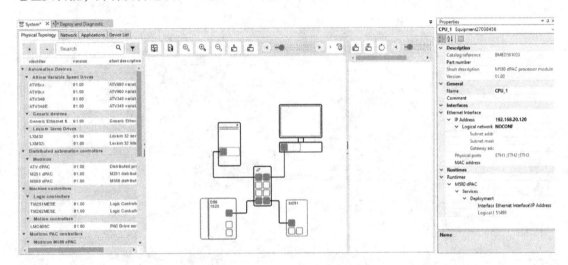

图6-12　EAE观察窗口

组态区主要用于系统文件、部署与诊断以及各个组件的显示、编辑、操作等。如图6-13所示，为系统文件中物理拓扑结构的工作区，可以添加实际的设备，配置设备的IP地址及功能，并将设备连接在一起展示系统的拓扑结构。

图6-13　EAE组态窗口

6.3.2　建立项目

EAE项目的整体步骤包括建立解决方案、库管理、应用开发、硬件配置以及映射。

1. 建立解决方案

如图6-14所示，在打开EAE软件后选择"File"菜单，然后单击"New"按钮。

建立解决方案时有两个模版可以选择："Full Solution"和"Starter Kit"。选择"Full Solution"建立的解决方案中会包含所有的库，选择"Starter Kit"则只会包含一些基本库，当然后续是可以继续添加库的。如图6-15所示，在"Name"栏中输入名称单击"Create"按钮后会出现如图6-15所示的属性窗口。

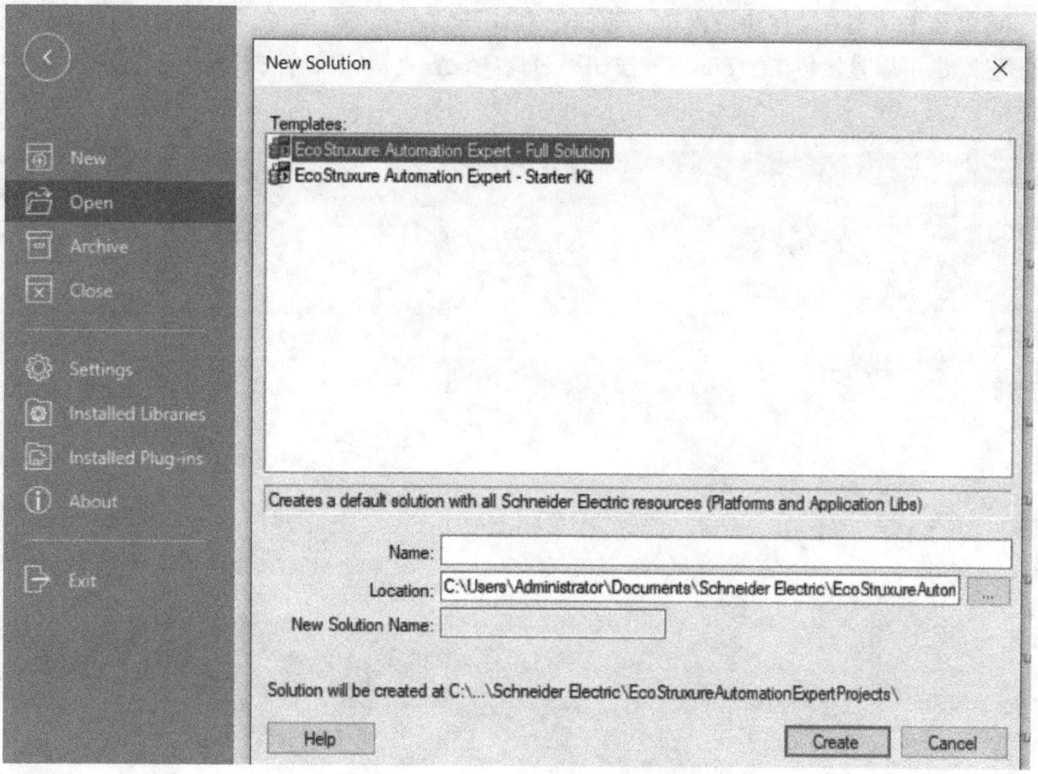

图 6-14　EAE 新建解决方案窗口

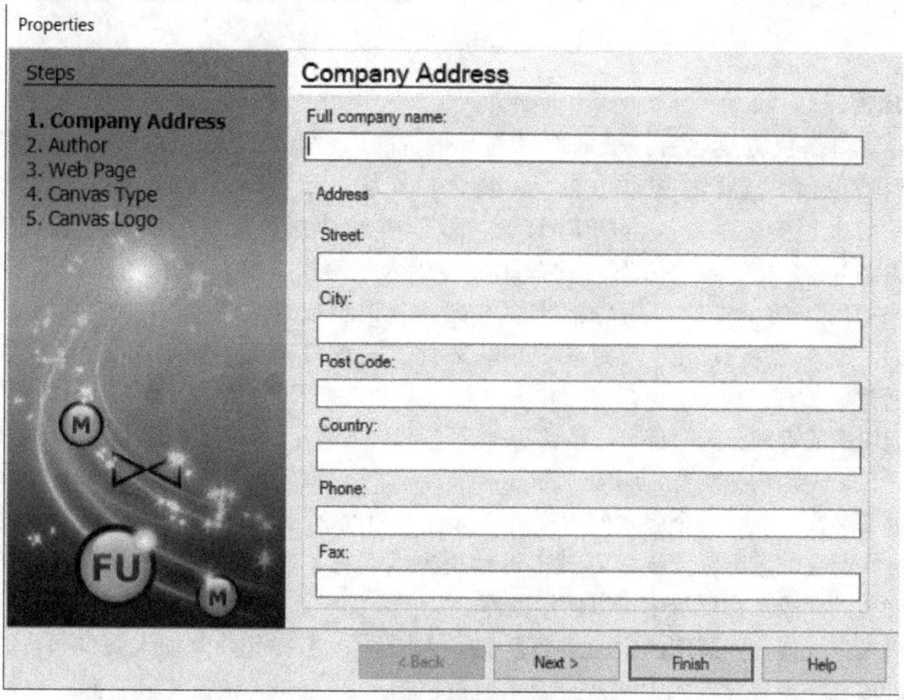

图 6-15　EAE 新建解决方案属性窗口

可以单击"Next"按钮依次填入公司信息、开发者信息、网址、HMI 类型及 HMI Logo 等信息。也可以直接单击"Finish"按钮跳过这些设置直接完成解决方案的建立，如图 6-16 所示。

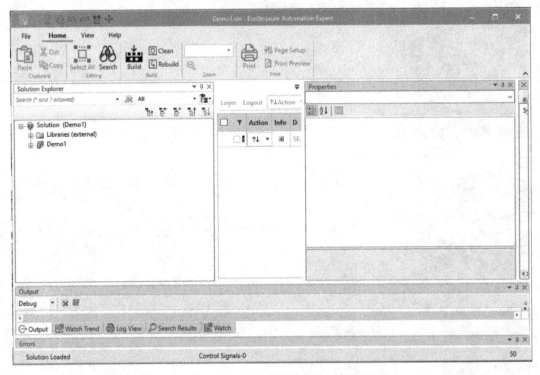

图 6-16　EAE 新解决方案示例

2. 库管理

当建立好解决方案之后，根据选择其所附带的库会有所不同。库中包含了在生成解决方案时可以预先选择的基本功能块、复合功能块、带图形的复合自动化类及系统服务功能块等。当安装某一版本的 EAE 时，该版本的功能块库都会自动安装在系统中，选择 Full Solution 建立解决方案时这些库都会带入该解决方案。库在应用时会要求版本一致，当打开以前版本的应用时，原版本的库也需要安装在系统中。如用到一些第三方开发时，也需要将其先导入到系统中。因此，我们在开始设计程序之前，需要先对库进行管理。

功能块库的管理分为两部分：EAE 系统库与解决方案库。如图 6-17 所示，EAE 系统库可通过"File"菜单中的"Installed Libraries"管理。

可以安装或卸载某一个版本的库文件。如图 6-18a 所示，EAE 系统中所需要的依赖库可以通过在解决方案浏览区鼠标右键单击解决方案名称，选择"References"，来查看 EAE 系统已安装的库以及在项目中可以使用的库。

用户可以选择已安装库的中的某个版本，单击"Add"按钮将其加入到本项目的参考库中。也可以选择项目参考库中的某一版本通过单击"Remove"按钮将其移除。也可以通过批量更新参考库来替换旧版本库文件。

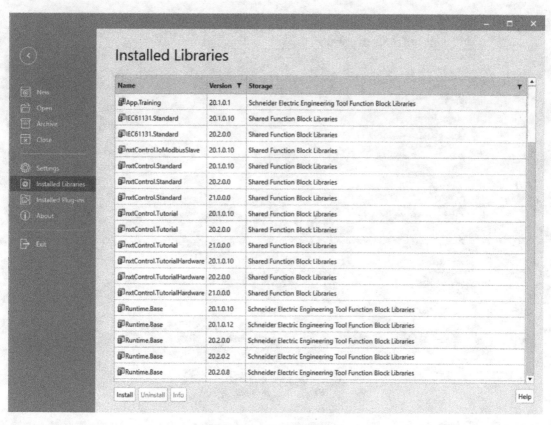

图 6-17 EAE 系统库示例

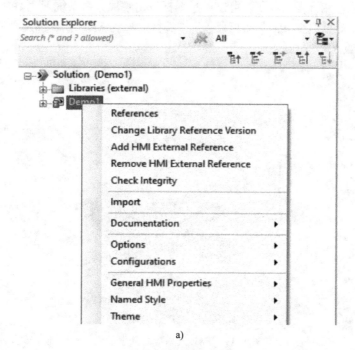

a)

图 6-18 EAE 系统依赖库示例

a）EAE 系统添加依赖库示例

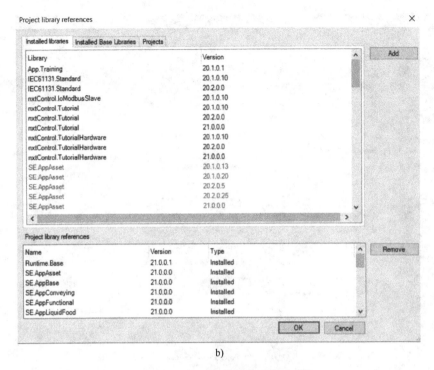

b)

图 6-18　EAE 系统依赖库示例（续）

b）EAE 系统内置依赖库示例

3. 应用开发

接下来就进入应用开发阶段了，可以通过鼠标双击解决方案系统下"APP1"选项（默认）进入应用开发界面（见图 6-19a），也可以通过工具栏中的系统文件图标进入（见图 6-19b）。

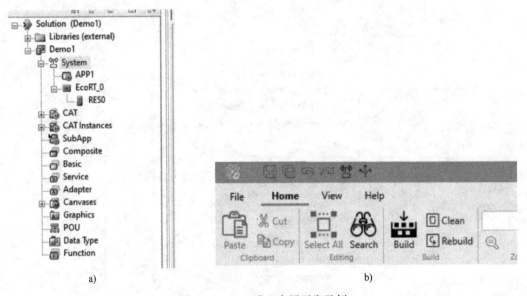

a)　　　　　　　　　　b)

图 6-19　EAE 进入应用开发示例

a）方式一　b）方式二

应用开发的工作界面如图6-20所示。

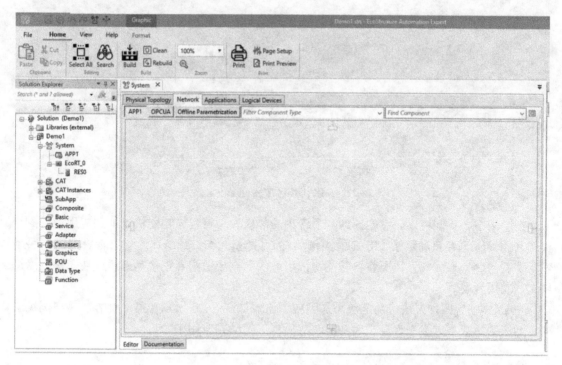

图6-20 EAE应用开发界面

如图6-21所示，在一个解决方案中可以开发多个应用，每个应用中也可以分层（包含一个隐含层），每层中则可以编写功能块网络（应用程序）。应用和分层的添加、删除、名称变更都需在系统文件的Applications页面中操作。添加的应用或分层也可以在解决方案的浏览区中显示，可通过双击快速进入相应的应用或分层。

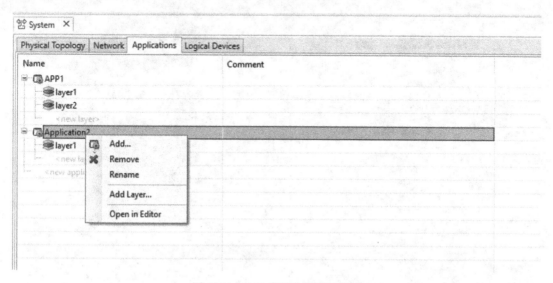

图6-21 EAE应用分层设置界面

如图 6-22 所示，应用分层也可以从应用工作区单击鼠标右键，选择"Layers"→"Add Layer…"来进行添加。

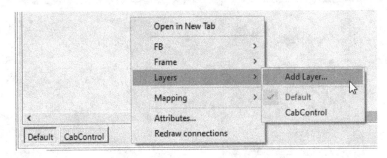

图 6-22　EAE 工作区应用分层设置界面

在应用中，我们可以非常便捷地开发各种功能模块，将各个功能块添加到应用中并赋予实例名称，EAE 会自动赋予 FBXX 的实例名称，并允许修改。CAT 类型功能块则需要手动输入实例名称。最后，只需要将各功能块的事件、数据或适配器连接起来组成功能块网络即可完成应用开发。

在 EAE 中有四种方法将功能块添加到应用中。如图 6-23 所示，第一种方法是在浏览解决方案区的库或本方案中自定义的功能，然后将其拖动到应用中。

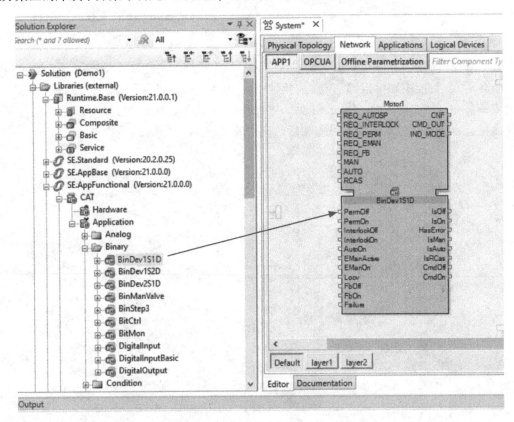

图 6-23　EAE 添加功能块方法一示例

如图 6-24 所示，第二种方法是在解决方案浏览区顶部的查找区输入功能块的全部或部分名称，注意如部分名称为非开头的字母前面需加通配符 ＊，然后将所需的功能块拖入到应用中。

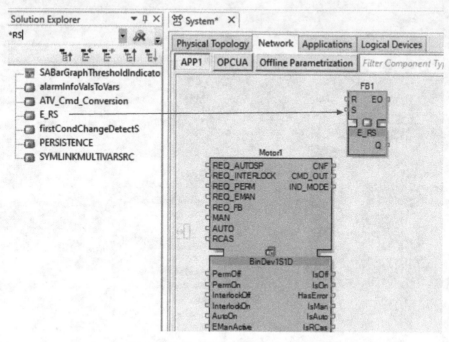

图 6-24　EAE 添加功能块方法二示例

如图 6-25 所示，第三种方法可以在应用工作区的空白处单击鼠标右键，然后选择"FB"命令，再继续选择相应的功能块即可。

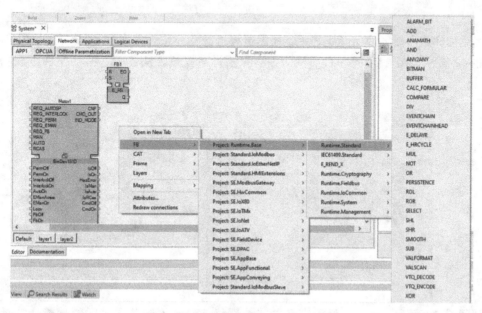

图 6-25　EAE 添加功能块方法三示例

如图 6-26 所示，最后一种方法可以在应用工作区中直接按〈Ctrl+W〉键然后搜索功能块。

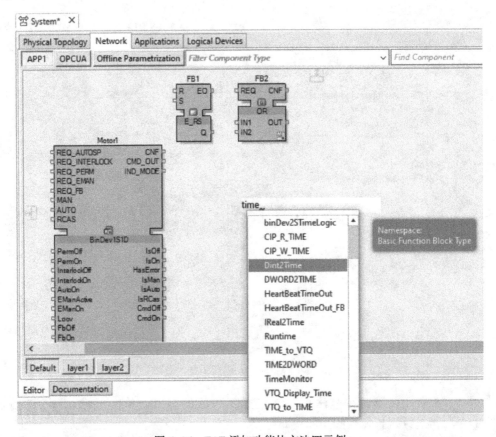

图 6-26　EAE 添加功能块方法四示例

当添加完成所需要的功能块之后，还需要将这些功能块连接在一起来传递事件或数据。如图 6-27 所示，在 EAE 同一页面视野中，只需通过拖拽方法连接，将功能块组成功能块网络。

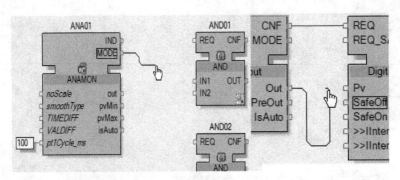

图 6-27　EAE 功能块连接方法一示例

如图 6-28 所示，当无法显示完整功能块网络或者在不同分层之间的功能块需要连接时，可以通过鼠标右键单击功能块引脚，选择"connections…"，然后可以在列表中选择某一功能块的引脚。

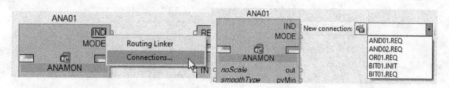

图 6-28　EAE 功能块连接方法二示例

如图 6-29 所示，已连接引脚软边会以黄色的小方块表示，也可以通过"connected to"快速跳转到连接的另一端。

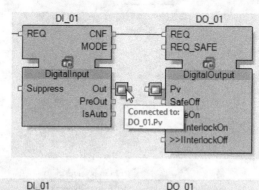

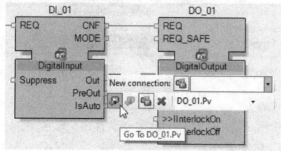

图 6-29　EAE 功能块连接快速跳转示例

4. 硬件配置

基于 IEC 61499 标准的 EAE 在开发应用时实现了软硬件完全解耦，可以在无需配置硬件的情况下，根据实际工艺需求设计控制对象。当部署到实际硬件时，需要在 EAE 中对硬件做出配置。EAE 中的硬件配置主要包含物理设备、逻辑设备与硬件配置。如图 6-30 所示，物理设备可以在系统文件的"Physical Topology"页面中配置。用户可以从列表中选择物理设备实际型号，将其拖到右边的工作区。

除了设备类型、网络结构外，还需要配置 IP 地址以及设备的名称。不同的设备 IP 地址和功能配置需要从图中选择不同的区域，例如 EAE 中灰色方块表示某一设备的网络接口，可以通过单击该灰色方块，然后在右边的属性窗口更改 IP 地址。如图 6-31 所示，需注意的是 IP 地址配置中，如果不是 192.168.0.0 网段的地址，需要在"Logical network"中通过"Manage logical networks …"选项建立网段的名称。然后选择网段名称，再修改"IP Address"中的 IP 地址。

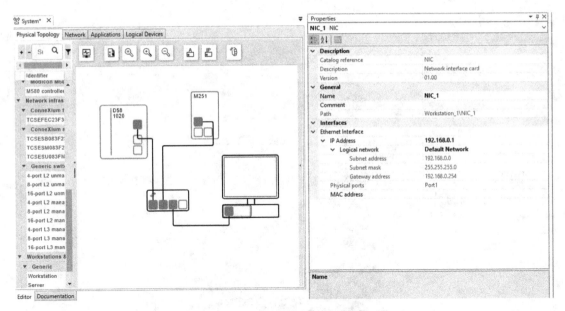

图 6-30　EAE 硬件配置界面示例

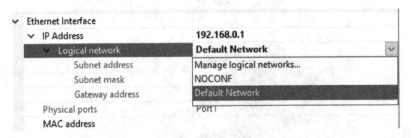

图 6-31　EAE IP 地址配置界面示例

如图 6-32 所示，选择网络接口区外的区域，属性窗口将变成名称或功能的配置区，可以修改物理设备的名称、配置运行时。

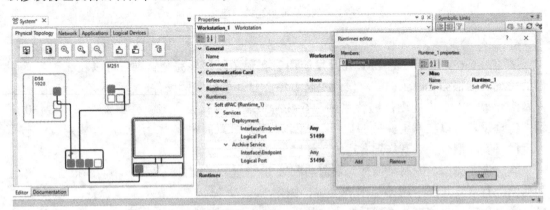

图 6-32　EAE 硬件属性配置界面示例

如图 6-33 所示，在 "Physical Topology" 的工作区中还有在线诊断功能，检查设备是否在线。同时，也可以查找支持 EAE runtime 的设备，并修改施耐德电气 M580D、M251D 等

PLC 设备的 IP 地址。

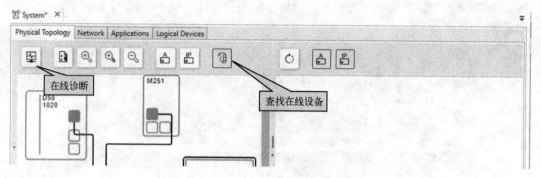

图 6-33　EAE 在线查找设备示例

配置完物理设备后，如图 6-34 所示，下一步需要在系统文件的"Logical Devices"中建立逻辑设备。在"Device"中选择添加设备，然后选设备的类型并命名。单击物理设备后，在顶部选择"physical topology"可以进行物理设备配置与逻辑设备关联，同时在右边会显示该逻辑设备运行时的属性参数配置，这些参数可以在部署时单独下载。

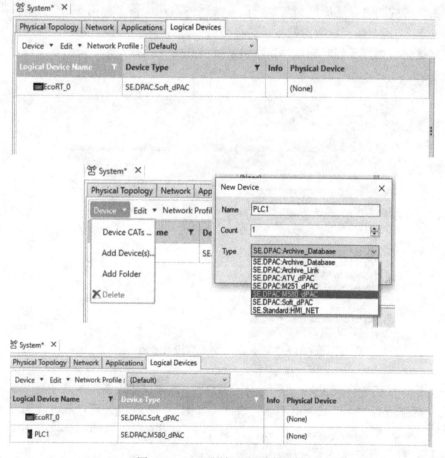

图 6-34　EAE 添加逻辑设备示例

建立完逻辑设备后还需对逻辑设备做硬件配置，比如添加 I/O 模块与外部通信模块等。如图 6-35 所示，可以在需要的逻辑设备上单击右键，选择"Open HW Configuration"，并添加主设备。

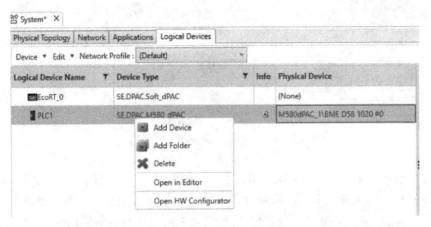

图 6-35　EAE 添加模块示例

添加主设备的同时，还需添加与逻辑设备关联的物理设备，如图 6-36 所示，当物理设备为 M580D 时，其 I/O 模块配置的主设备类型需要选择 SE. IoX80. BMXBUS. 这些主设备由硬件库直接提供，如找不到对应硬件的主设备可能是由于没有安装相应的系统库。

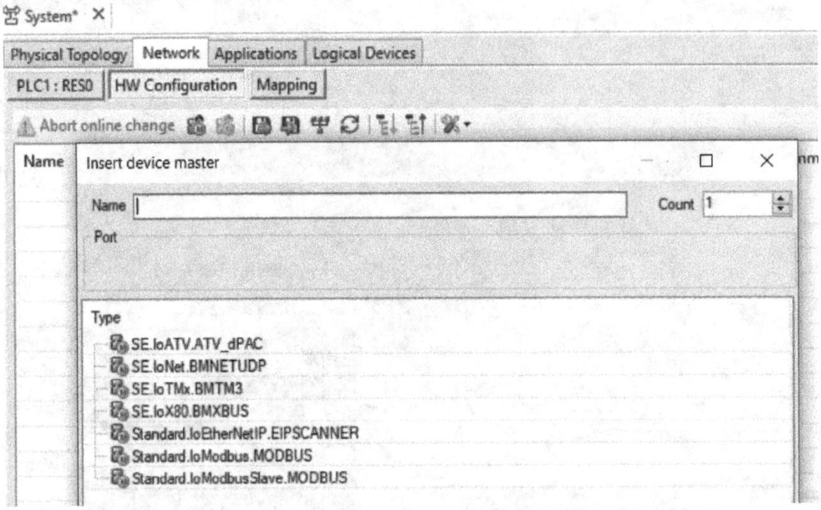

图 6-36　EAE 添加关联设备示例

在完成逻辑设备硬件配置后，还有一点需注意的是在逻辑设备的资源中要添加总线启动的功能块，否则所有的硬件或通信不能被激活。如图 6-37 所示，可以双击逻辑设备栏，或右键选择"Open in Editor"进入资源，再双击 RES0 资源功能块，将 SE. DPAC 库中的 DPAC_FULLINIT 功能块拖入资源中，并按示例连线。

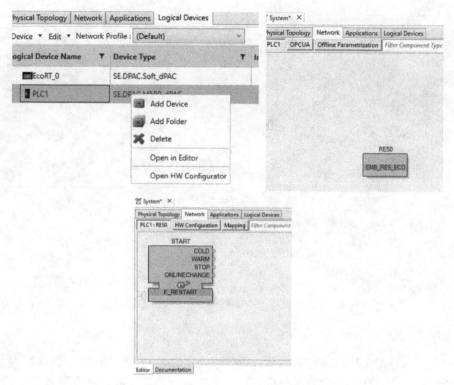

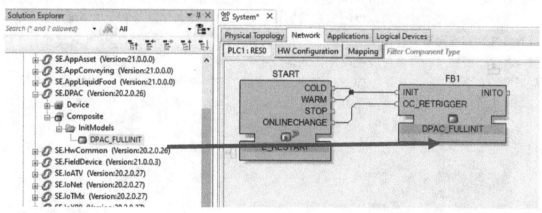

图 6-37　EAE 添加启动功能块示例

在资源模块中添加的功能块只属于这个资源，不能够再被部署到别的资源上。所以对于应用程序，通常应该在"Applications"工作区中添加，以便后期通过映射灵活部署。

5. 映射

在完成硬件的配置后，所开发的应用与硬件之间的部署关系还需要解决，一是在应用中编写的功能块部署到哪个设备运行，另外是外部的输入/输出如何跟应用程序关联。

对于功能块映射问题，可以在"Applications"中选中功能块，单击右键，再选择"Mapping"，就可以选择已建立的逻辑设备。如图 6-38 所示，将 DI1 的功能块映射到PLC1. RES0 资源中。在 EAE 中完成映射的功能块上会出现小图标，鼠标停留在图标处会提示已映射的逻辑设备名称。

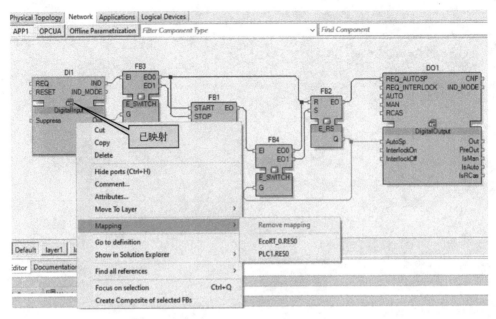

图 6-38　EAE 功能块映射示例

可以随时调整每个功能块映射关系，来实现 IEC 61499 标准中灵活部署的特性。但需注意若功能块中包含 I/O 或通信数据交换模块，则此功能块需映射到对应硬件的逻辑设备上。如无需与外部硬件交互，则可以根据现有各设备的算力灵活映射。根据 IEC 61499 的标准，功能块部署到不同设备时，功能块之间的数据交换在应用程序中无需增加额外的编程，在资源中会自动增加系统服务功能块以保证数据、事件的传递。在 EAE 中相连的功能块在同一资源中的连线会以实线表示，如图 6-39 所示，如不在同一资源中，则表示成虚线，如 FB1、FB4 与其他功能块不在同一资源中。

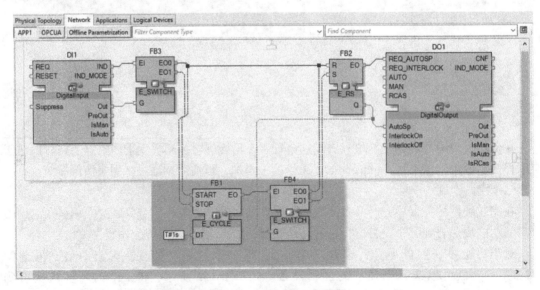

图 6-39　EAE 连接显示示例

如图 6-40 所示，在映射后的资源视图中可以看到系统自动添加的服务接口功能块。

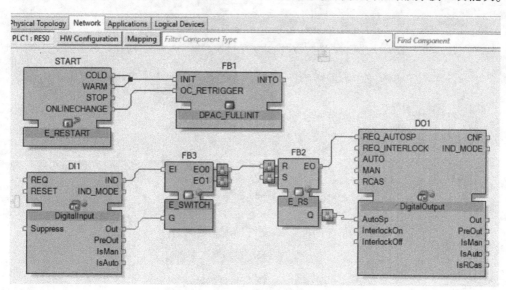

图 6-40　EAE 自动添加连接显示示例

当功能块包含与外部硬件的数据交换时，如图 6-41 所示，这些功能块实际上包含了 SYMLINKMULTIVARDST 或 SYMLINKMULTIVARSRC 这些服务接口功能块。数据的类型用户可以通过右下的功能块编辑图标进行设置，其中 'DST' 是输入的数据，'SRC' 是作为数据源输出数据。

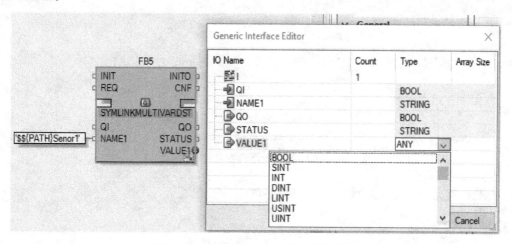

图 6-41　EAE 硬件相关功能块设置示例

如图 6-42 所示，在工作区右边的"Symbolic Links"窗口中，会列出"Applications"中所有功能块的符号连接变量，输入的变量用红色箭头，输出的变量用绿色箭头表示。

在完成功能块映射之后，需要将它们与实际的硬件 I/O 点关联起来。保存已完成功能块映射的应用后，再次进入逻辑设备的硬件配置。如图 6-43 所示，这时右边"Symbolic Links"区域中显示的符号变量是与当前设备资源相关的符号连接。将这些符号连接拖到已配置的 I/O 模块的通道上，就实现了应用中数据与实际硬件 I/O 的关联。

图6-42 EAE 变量列表示例

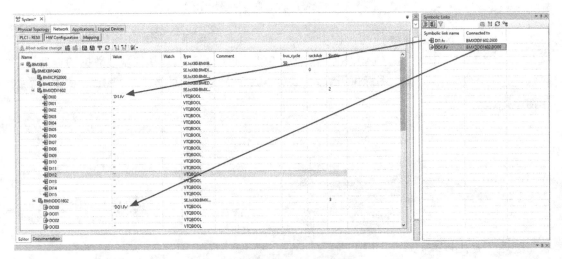

图6-43 EAE I/O 与变量关联示例

至此，就完成了一个典型 IEC 61499 应用的开发全过程。

6.3.3 CAT 设计

复合自动化类型（Composite Automation Types，CAT）是在 EAE 中特有的概念，在实际应用开发时被频繁使用。CAT 属于复合功能块，但比 IEC 61499 标准中的复合功能块增加了 HMI 服务功能来实现人机交互，主要包括以下功能。

- 实现控制逻辑的功能块或功能块网络。
- 用于 HMI 的一个或多个图形化组件。
- 用于参数设置或操作控制的面板。
- 离线的参数配置。

● OPC UA 的配置。

CAT 实现了逻辑、模型、可视化的统一，更好地体现了 IEC 61499 中对象化建模的特点。当一个 CAT 功能块完成开发测试后，就可以被重复使用。CAT 也可以通过嵌套来实现更抽象的模型，从而节省程序开发与调试的时间。另外在 EAE 中 CAT 是实现人机交互的主要途径，CAT 实际分为两类。一类是针对硬件的 CAT，通常由系统库中提供，如图 6-44 所示，在做逻辑设备硬件配置时系统会自动调用，相应的实例名称也会出现在解决方案的硬件实例中。通过将实例拖放到 HMI 的画面中，实现对该硬件的状态监视或参数调整。

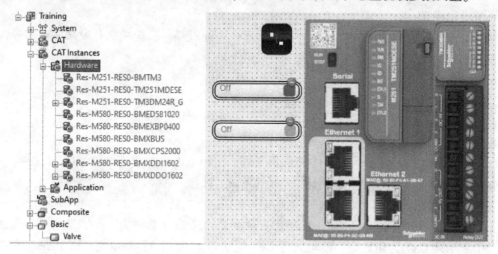

图 6-44 EAE 硬件 CAT 示例

另一类 CAT 为应用 CAT，如图 6-45 所示，EAE 的系统库中提供了很多常用的应用功能，可以直接调用。

图 6-45 EAE 系统 CAT 库示例

当系统提供的 CAT 不能满足要求时，用户也可以自己开发定制化的 CAT。应用 CAT 的设计开发通常是对控制对象建模的过程，需要从以下几方面来规划。

● 数据与事件接口。

在数据与事件接口中需要注意三点：一是这个 CAT 在应用中前后传递的数据与事件有哪些，采用何种方式连接，比如能否通过 Adapter 连接来简化接口；二是这个 CAT 中是否集成外部硬件或通信的数据；三是跟 HMI 或 OPC UA 交互的数据，包括初始值、参数、状态、命令、报警、趋势等数据需要加以考虑。

● 逻辑与模式。

逻辑与模式主要是为了实现控制的逻辑程序，可通过基本功能块的开发来实现多种模式的控制。

● HMI 画面。

HMI 画面主要提供 CAT 的人机交互可视化设计，包括基本图形、交互窗口、报警、趋势画面、多对象的适配等内容。

● 文档。

文档中可以包含开发者信息、CAT 的说明等，文档可以自动成为 CAT 的帮助文件。

接下来简单介绍如何在 EAE 中建立一个新的 CAT。

在解决方案的浏览区找到"CAT"→"Applications"，右键单击，然后选择"New Item…"。如图 6-46 所示，在建立应用的 CAT 时有三种类型：Normal CAT，Top CAT，Device CAT。Top CAT 表示此 CAT 为最终级不能被其他 CAT 嵌套，Device CAT 表示此 CAT 跟某一设备类型关联，如 M251、ATV 等。通常选择 Normal CAT，导入方式选择 Composite。输入名称后单击"Finish"按钮。在工作区出现 CAT 的接口定义页面，在浏览区"CAT"→"Applications"中也会显示新建的 CAT 类型。

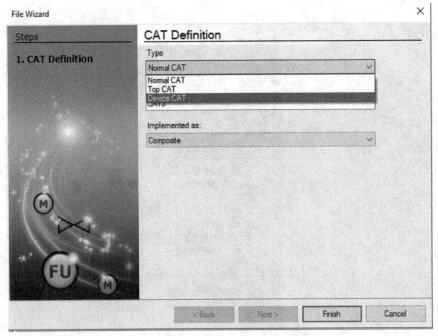

图 6-46　EAE 新建 CAT 窗口示例

在 CAT 接口定义的页面中，需要配置输入或输出的事件及数据，同时也包括事件与数据的关系设置，如图 6-47 所示为系统库中提供的 Motor1S1D 功能块的接口配置。

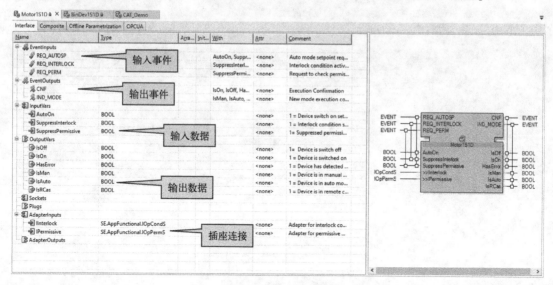

图 6-47　EAE CAT 接口配置示例

HMI 与 OPC UA 并不需要在这个窗口定义，而是需要通过 CAT 的 HMI 模块实现。如图 6-48 所示，在浏览区中双击 "CAT" 中的 HMI 块，打开 HMI 的接口定义。此处定义的接口与 CAT 的接口没有直接的关联。所有需要与 HMI 或 OPC UA 交互的数据必须在此定义。定义时无需变更已有的事件及数据，仅需在其上添加所需要的事件及数据变量即可。CAT HMI 的修改与 CAT 的修改是基于互锁机制的，两者中只有一个能处于编辑状态。

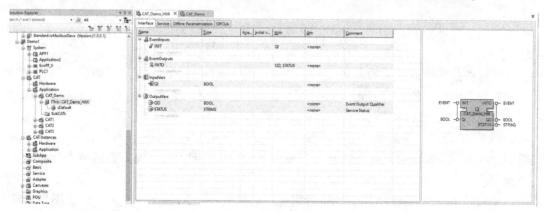

图 6-48　EAE CAT HMI 接口配置示例

CAT HMI 模块中还可以设置离线参数，实际应用中经常需设置一些参数的初始值，如量程范围，超时等待时间等。如图 6-49 所示，这些参数在 HMI 块的输出接口变量中定义，初始值在 "Offline Parametrization" 中设置。有初始值的变量需勾上 "Persist" 选项，并选择与某一输入事件关联，此输入事件在逻辑处理程序还应与初始化事件相连。

定义完 HMI 的数据接口并保存后，下一步可以编写逻辑了。在逻辑编写中，与硬件或通信交互的数据可以通过 SYMLINKMULTIVARDST 或 SYMLINKMULTIVARSRC 功能模块实

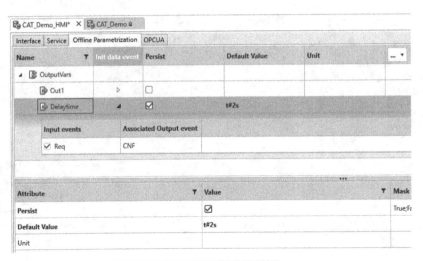

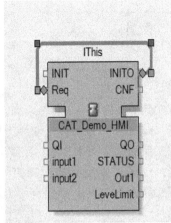

图 6-49　EAE CAT HMI 初始值设置示例

现。如果这些数据要被其他的对象使用，需要通过 CAT 接口数据引出。如要在 HMI 上显示，则在程序中传递到 CAT HMI 功能块对应的引脚。在逻辑实现过程中，还可以调用已有的 CAT 类型，这些 CAT 类型会列在"SubCATs"中。

　　如图 6-50 所示，在浏览区还可以看到 CAT HMI 下有"sDefault"，双击它可以打开 CAT 的可视化界面的编辑。可以从左侧 HMI 组件列表选择相应的控件，将其直接拖入到画布中，完成组态。

　　一个 CAT 模块中可以设计多个显示面板，比如对一个离散点的控制，可以用指示灯，也可以用阀门开关，其背后的控制逻辑相同，但显示效果不相同。可以在同一 CAT 中新建阀门的显示符号，在 HMI 中调用时选择阀门符号就可以了。如图 6-51 所示，选择"Add HMI Symbol"可以添加新的显示符号。

　　对于参数设置等操作的画面，可以通过图 6-51 中"Add HMI Faceplate"添加，在 HMI 中作为弹出窗口出现。Faceplate 的编辑与符号的编辑是相同的。如图 6-52 所示，在 EAE 中还提供了 CAT 可视化设计的调试功能，处于画面编辑时，单击菜单上的"Test"命令，可以模拟仿真变量与画面的变化。

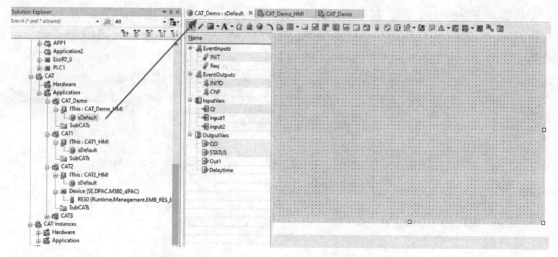

图 6-50 EAE CAT HMI 可视化编辑界面示例

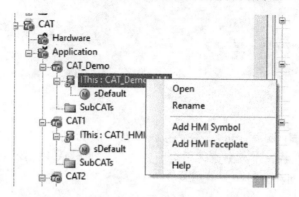

图 6-51 EAE CAT HMI 多显示符号设置示例

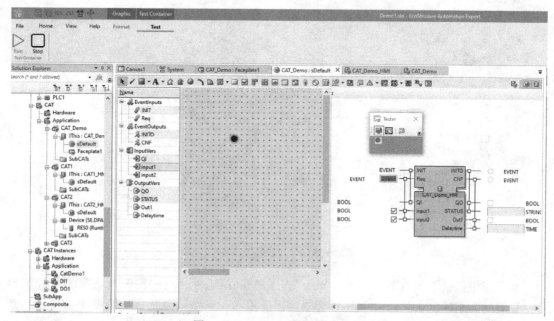

图 6-52 EAE CAT 调试界面示例

将编写完成的 CAT 类型拖入"Application"中会要求为实例命名。如图 6-53 所示，保存完成后，"Symbolic Links"中会出现对应 CAT 实例中定义的与硬件或通信交互的符号连接。

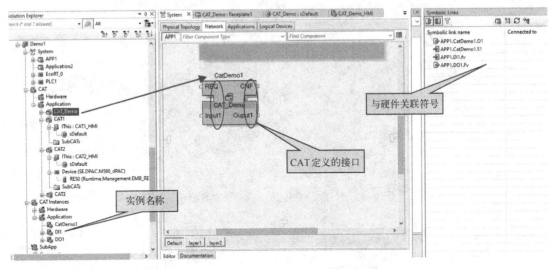

图 6-53 EAE CAT 组态界面示例

6.3.4 HMI 设计

EAE 中集成了 HMI 设计，可以直接生成画布并发布到 EAE HMI 的运行环境中。如图 6-54 所示，一般在解决方案浏览区里会有建立方案时默认 1280×980 分辨率的画布，用户也可以通过右键添加新的画布。

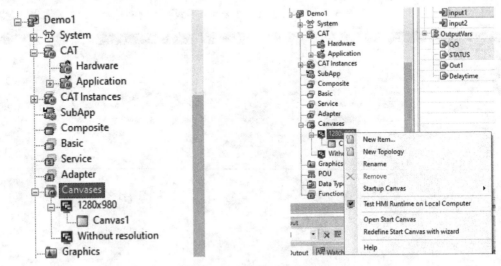

图 6-54 EAE HMI 配置示例

在画布中提供了各种图形对象，如线、方框、圆等组件。这些图形对象有的是静态组件，也有动态组件。在 EAE 中也可以建立自己的图库，当使用时直接从图库中拖拽到画面中即可直接使用。如图 6-55 所示，每个图形对象都有可以设置的属性列表。

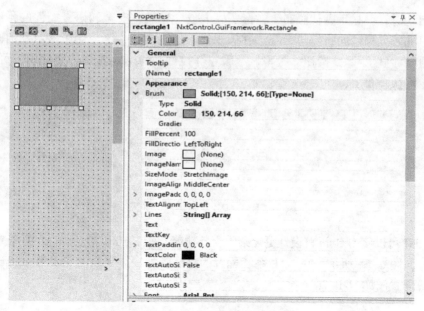

图 6-55　EAE 组件属性设置窗口示例

当双击一个图形对象时，将弹出窗口提示是否生成事件句柄。如选择"Yes"，将打开代码窗口，采用 C#语言对事件进行编程。图形对象除了是直接由画布工具生成的，在 CAT 中建立的图形符号也可以直接插入到画布中。如图 6-56 所示，只需将选中 CAT 实例直接拖拽到画布中即可。

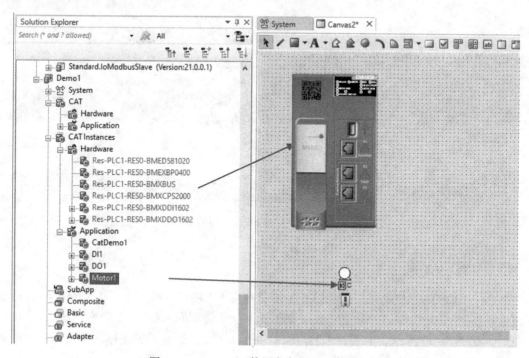

图 6-56　EAE HMI 使用自定义 CAT 符号示例

HMI 启动时，会显示默认画布，在标题栏中包含导航、安全和语言控件的预配置按钮，以及创建解决方案时添加的公司 Logo。在标题栏下还包含一个区域用于显示其他画布名称。图形对象的名称显示/隐藏按钮，报警显示服务等控件在每个画布中都要使用，可以将这些控件放置在默认画布上，如图 6-57 所示。

图 6-57　EAE HMI 默认画布设置示例

EAE HMI 可以使用 C#语言设计更复杂的交互功能。EAE HMI 的 Runtime 需要 Windows 10 系统支持，如图 6-58 所示，在 EAE 系统配置的物理拓扑中需要添加 HMI Runtime 设置，并在逻辑设备配置添加 HMI_NET 设备。

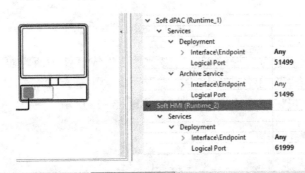

图 6-58　EAE HMI Runtime 设置示例

6.3.5　OPC UA 支持

EAE 与 SCADA 系统的主要交互途径是使用 OPC UA 协议，所有的 EAE DPAC runtime 都集成并默认支持 OPC UA Server 的功能。OPC UA 仅能访问在 CAT HMI 定义的输入/输出接口变量，如图 6-59 所示。需要在 CAT HMI 中的 OPC UA 配置打开 Exposed 选择，才能被 OPC UA 客户端读取，如图 6-60 所示。

同样在"Applications"中定义 CAT 实例也可以支持 OPC UA。

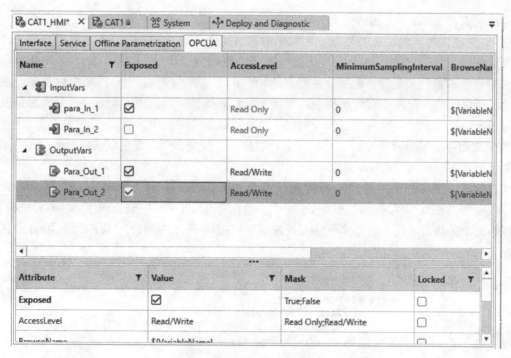

图 6-59　EAE OPC UA 设置示例

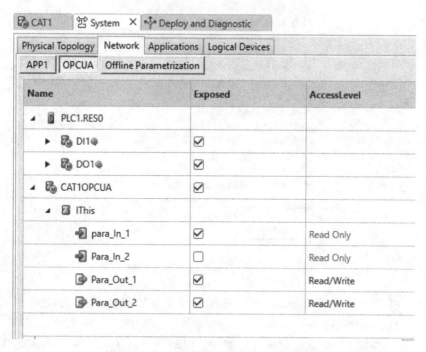

图 6-60　EAE 系统应用 OPC UA 设置示例

6.3.6　Modbus TCP 总线支持

EAE 已支持 Modbus TCP 及 Ethernet/IP 的总线通信，但在 V21.0 的版本中，EtherNet/IP

的通信仅支持 Linux Soft dPAC。对于 Modbus TCP 的通信有两种角色，一种是作为客户端（主站）主动读写其他设备的数据，比如采集现场其他分站、仪表或设备的数据。另一种是作为服务器（从站）的角色，供其他的设备来读取数据，比如 SCADA 系统或 HMI 等。在 EAE 中这两种角色都是需要配置后才能启用的。EAE 中本身没有传统 PLC 中内存地址表的概念，所以需要在配置中模拟出相应的地址来实现数据的交换。由于配置完成后，地址及数量是确定的，实际通信时需调整读写的起始地址及数量来对应 Runtime 的硬件配置。得益于 EAE 中软硬件解耦的特性，如应用程序中的对象没有改变，则只需重新关联 Symbolic Links，无需修改程序即可实现组态。

在配置 Modbus TCP 通信前，需确认 Standard. IoModbus 及 Standard. IoModbusSlave 这两个库是否在 EAE 中存在。如图 6-61 所示，这两个库文件默认已经安装，如果无法找到，可以右键单击项目名称的，选择 "References" 去查看系统中的已安装的库及项目中选择的库。

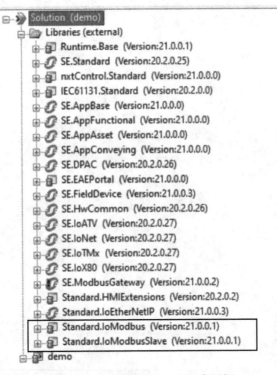

图 6-61　EAE Modbus TCP 库示例

接下来，可以开始配置 Modbus TCP 总线通信了。Modbus TCP 的配置方式对所有的 Runtime（M251D，M580D，Soft dPAC）都是相同的。如图 6-62 所示，首先需要配置 Modbus 客户端（主站）。在设备的硬件配置中，跳转到 "System" → "Logical Devices" 的界面，在对应的设备行上单击鼠标右键，然后选择硬件配置。

如图 6-63 所示，进入以下界面，此列中是 M580D runtime 的配置。已有的 "BMXBUS" 是 M580D 的 I/O 配置。

如图 6-64 所示，在硬件配置工具栏中单击 "增加新的主硬件 CAT"，或从配置栏单

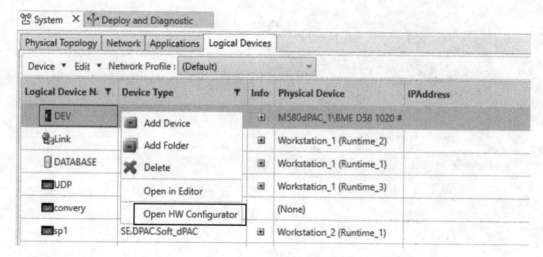

图 6-62　EAE 硬件配置示例

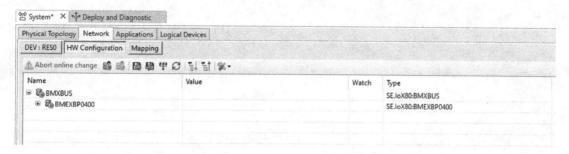

图 6-63　EAE M580D 硬件配置示例

击鼠标右键，选择"ADD"。出现选择主硬件 CAT 的类型，选择"Standard. IoModbus. MOD-BUS"后单击"OK"按钮。

　　添加完成后，如图 6-65 所示，硬件名称列会出现默认名称为 MODBUS 的行，类型为 Standard. IoModbus：MODBUS，展开后，有以下三项设置内容。

- auotStart：系统启动后 Modbus TCP 通信是否自动启动。
- BUS_ID：默认为'MB01'，可以修改，但不能为空。
- busCycleTime：Modbus TCP 通信的执行周期，可以调整。Modbus 请求的发送，是按此时间周期发送的。在写请求中可以选择按事件发送，实际的发送时间还是在事件发生后的周期点，但只发送一次。

下一步需要将 Modbus TCP 节点添加到列表中，假如从 IP 地址为 192. 168. 10. 10 的站点读取从%MW100 开始的 10 个字，并有 10 个字的数据要写到这个站点的%MW200 开始的位置。如图 6-66 所示，选择"MODBUS"，单击右键选择"ADD"或单击紫色的增加硬件图标。选项中有 SE. FieldDevice 和 Standard. IoModbus 两大类。SE. FieldDevice 库中的设备相应的地址已经预先定义好。如果需要通信的设备不在库中，则需采用标准的 Standard. IoModbus。

　　标准 MODBUS 设备库中的 Common. TCP 下有 Standard. IoModbus. MODBUSSLAVEDND 设备，表示总线结束模块，每个主站必须配置一个结束模块。Generic 中的 Standard. IoModbus. MODBUSGENTCPS 表示一个 TCP 的链接，当有多个设备连接时，需要增加不同的 TCP 链接及

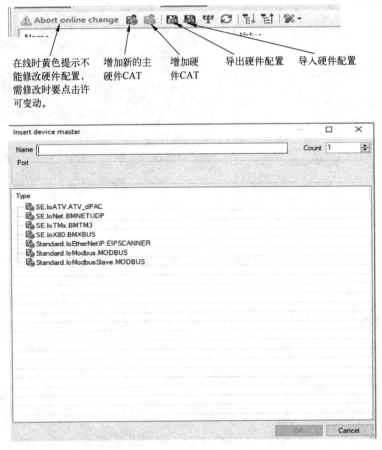

图 6-64　EAE M580D Modbus TCP 主站组态示例

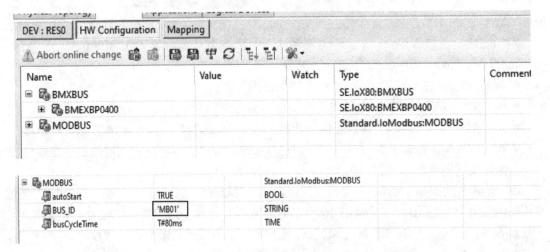

图 6-65　EAE M580D Modbus TCP 主站设置示例

其结束块。在此列中分别选择加入这两个块后，展开 MODBUSGENTCPS 得到如图 6-66 所示的界面。单击"MODBUSGENTCPS"，然后单击右键，选择"ADD"或单击紫色的增加硬件 CAT 图标，选择"slotbus"，然后可以选择 MODBUS 通信的变量类型。但在选择变量类型之前，建议先将 Standard.IoModbus.MODBUSSLOTEND 总线结束标记模块，若缺少此模块 MODBUS 通信将无法启动。

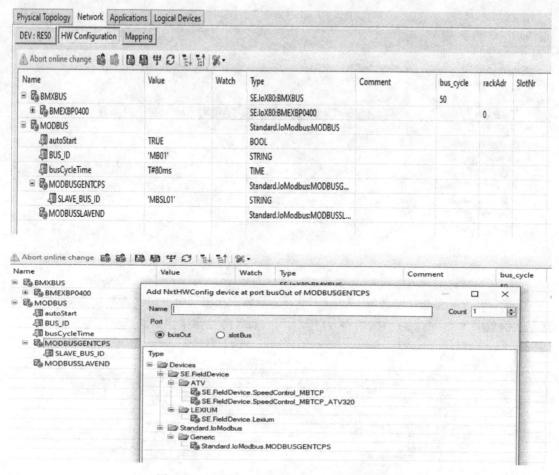

图 6-66　EAE M580D Modbus TCP 从站设置示例

如图 6-67 所示，Modbus 主站通信的配置结构如下。

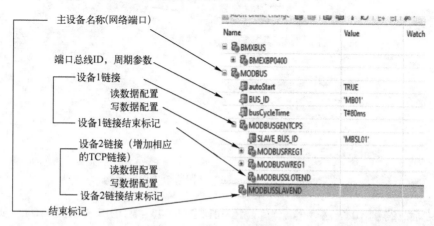

图 6-67　EAE Modbus TCP 完整设置示例

之后要设置从站地址，如图 6-68 所示，可以在 MODBUSGENTCPS 的属性中设置，参数"stationid"用来配置 Modbus 从站地址。

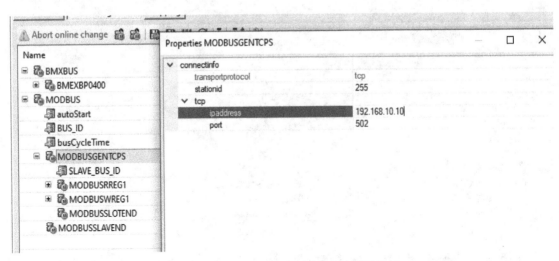

图 6-68　EAE Modbus TCP 从站地址设置示例

最后一步需要设置交换数据，需要添加交换的数据，添加时读取的数据选择 xxxxRxxxx，而写入的数据为 xxxxWxxxx，如图 6-69 所示，以读取 10 个字采用 INT 类型作为示例。

图 6-69　EAE Modbus TCP 读取模块设置示例

确认之后，得到 10 个输入的配置（MODBUSRREG11～MODBUSRREG110），如图 6-70 所示，还需要对每个字的属性配置具体地址。

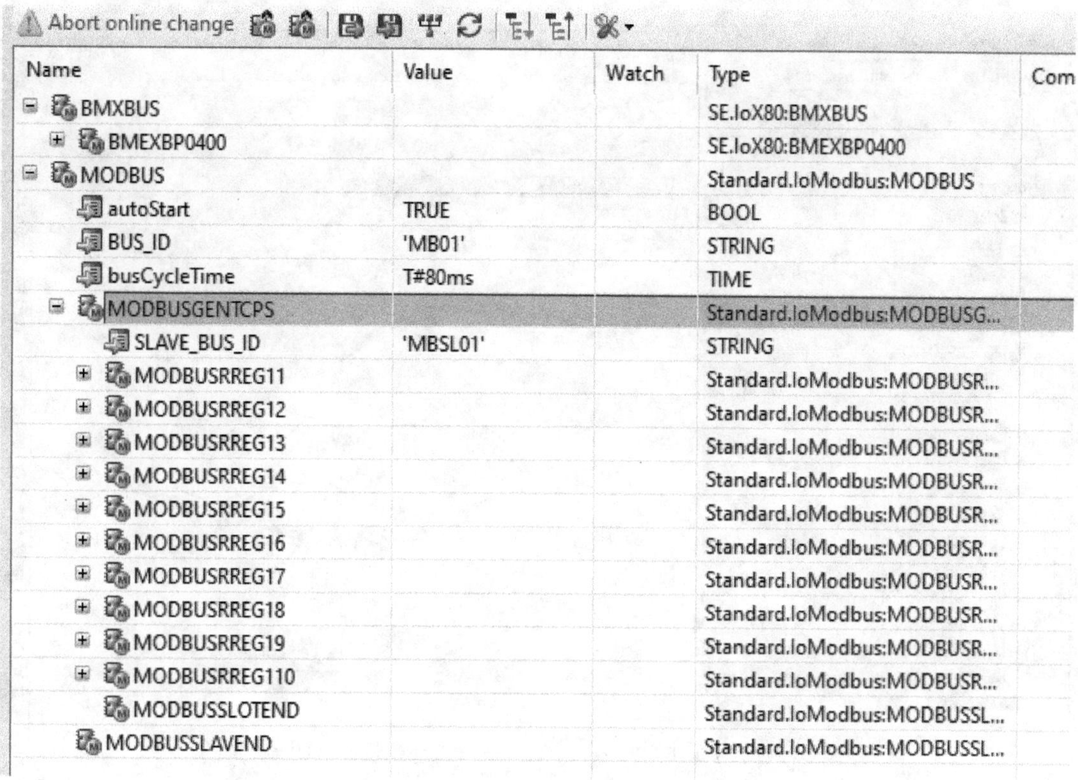

Abort online change

Name	Value	Watch	Type	Com
BMXBUS			SE.IoX80:BMXBUS	
BMEXBP0400			SE.IoX80:BMEXBP0400	
MODBUS			Standard.IoModbus:MODBUS	
autoStart	TRUE		BOOL	
BUS_ID	'MB01'		STRING	
busCycleTime	T#80ms		TIME	
MODBUSGENTCPS			Standard.IoModbus:MODBUSG...	
SLAVE_BUS_ID	'MBSL01'		STRING	
MODBUSRREG11			Standard.IoModbus:MODBUSR...	
MODBUSRREG12			Standard.IoModbus:MODBUSR...	
MODBUSRREG13			Standard.IoModbus:MODBUSR...	
MODBUSRREG14			Standard.IoModbus:MODBUSR...	
MODBUSRREG15			Standard.IoModbus:MODBUSR...	
MODBUSRREG16			Standard.IoModbus:MODBUSR...	
MODBUSRREG17			Standard.IoModbus:MODBUSR...	
MODBUSRREG18			Standard.IoModbus:MODBUSR...	
MODBUSRREG19			Standard.IoModbus:MODBUSR...	
MODBUSRREG110			Standard.IoModbus:MODBUSR...	
MODBUSSLOTEND			Standard.IoModbus:MODBUSSL...	
MODBUSSLAVEND			Standard.IoModbus:MODBUSSL...	

图 6-70　EAE Modbus TCP 地址位设置示例

以配置 MODBUSRREG11 为例，选择属性，这里有以下 3 个参数需要设置。

● datatype：数据类型选择。

input：表示读取 3xxxxx 寄存器，modbus 功能码 F4。

inonly：表示读取 4xxxxx 寄存器，modbus 功能码 F3。

inonly23：表示读取 4xxxxx 寄存器，但 modbus 功能码用 F23，会与配置的写数据共用。

● address：读取对方的起始地址，EAE 中默认的起始地址为 0。需根据分站设备的情况设置。

● ioevent：读取时只有 cyclic 选项。

如图 6-71 所示，从%MW100 开始读取数据，对应的类型是 inonly，地址设置为 100。需要对 MODBUSRREG11~MODBUSRREG110 的 10 个变量进行分别设置。

如实际读取的数据不在连续的区域，会生成不同的 Modbus 请求，相同类型连续的地址会安排在同一请求中。如地址预设为 0，系统则会自动从 0 开始分配。可以用同样的方法生成 10 个输出写入从站，选择 Standard. IoModbus. MODBUSWREG1 的类型，并且在 "ioevent" 中可以选择 "requestwrite"，即有请求事件时写入，并设置相应的 Modbus 功能码，同样每个输出都需要单独设置。如图 6-72 所示。

如图 6-73 所示，此时已基本完成了 MODBUS 主站与从站的配置。但与 "Application" 中相应的对象还没有做关联。关联的操作跟 I/O 的关联一样，但需注意变量类型的匹配，当类型不一致时，会导致 "Application" 中的数据无法自动更新。

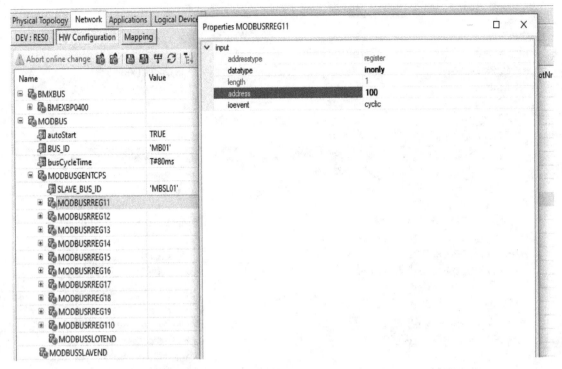

图 6-71　EAE Modbus TCP 输入地址位设置示例

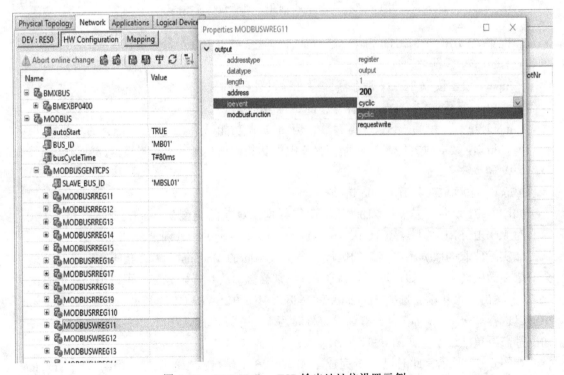

图 6-72　EAE Modbus TCP 输出地址位设置示例

⊟ 🏷 MODBUS		Standard.IoModbus:MODBUS
🔲 autoStart	TRUE	BOOL
🔲 BUS_ID	'MB01'	STRING
🔲 busCycleTime	T#80ms	TIME
⊟ 🏷 MODBUSGENTCPS		Standard.IoModbus:MODBUSG...
🔲 SLAVE_BUS_ID	'MBSL01'	STRING
⊟ 🏷 MODBUSRREG11		Standard.IoModbus:MODBUSR...
➡ r0LinkName	''	INT
⊟ 🏷 MODBUSRREG12		Standard.IoModbus:MODBUSR...
➡ r0LinkName	''	INT
⊟ 🏷 MODBUSRREG13		Standard.IoModbus:MODBUSR...
➡ r0LinkName	''	INT
⊟ 🏷 MODBUSRREG14		Standard.IoModbus:MODBUSR...
➡ r0LinkName	''	INT
⊟ 🏷 MODBUSRREG15		Standard.IoModbus:MODBUSR...
➡ r0LinkName	''	INT
⊟ 🏷 MODBUSRREG16		Standard.IoModbus:MODBUSR...
r0LinkName	''	INT
⊟ 🏷 MODBUSRREG17		Standard.IoModbus:MODBUSR...
➡ r0LinkName	''	INT
⊟ 🏷 MODBUSRREG18		Standard.IoModbus:MODBUSR...
➡ r0LinkName	''	INT
⊟ 🏷 MODBUSRREG19		Standard.IoModbus:MODBUSR...
➡ r0LinkName	''	INT
⊟ 🏷 MODBUSRREG110		Standard.IoModbus:MODBUSR...
➡ r0LinkName	''	INT
⊟ 🏷 MODBUSWREG11		Standard.IoModbus:MODBUSW...
➡ r0LinkName	''	INT
⊟ 🏷 MODBUSWREG12		Standard.IoModbus:MODBUSW...
➡ r0LinkName	''	INT
⊟ 🏷 MODBUSWREG13		Standard.IoModbus:MODBUSW...
➡ r0LinkName	''	INT
⊟ 🏷 MODBUSWREG14		Standard.IoModbus:MODBUSW..
➡ r0LinkName	''	INT
⊟ 🏷 MODBUSWREG15		Standard.IoModbus:MODBUSW..
➡ r0LinkName	''	INT

ditor Documentation

图 6-73   EAE Modbus TCP 完整设置示例

　　MODBUS 服务器（从站）的配置方法与主站非常类似。如图 6-74 所示，设置从站时，选择主设备 CAT 时应选择 Standard. IoModbusSlave. MODBUS。

　　如图 6-75 所示，从站与主站的配置结构基本相同。

　　在 MODBUS 属性设置中，选中 MODBUS1，单击右键后选择属性设置，在属性中需要设置 "ipaddress" 参数，需要填写 runtime 的 IP 地址，该地址必须与本机的地址保持一致。如图 6-76 所示，本地测试仿真时，此地址需填写 127. 0. 0. 1。从站的 ID 及地址偏移可以在 MODBUSGENBC 属性中设置。

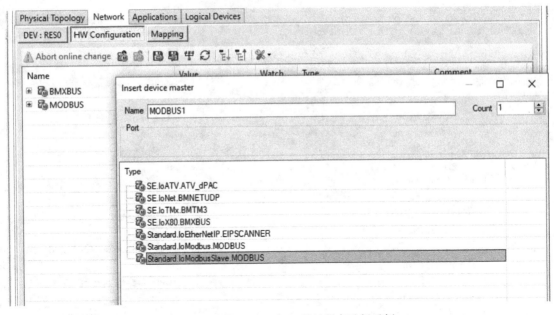

图 6-74　EAE Modbus TCP 从站设备选择示例

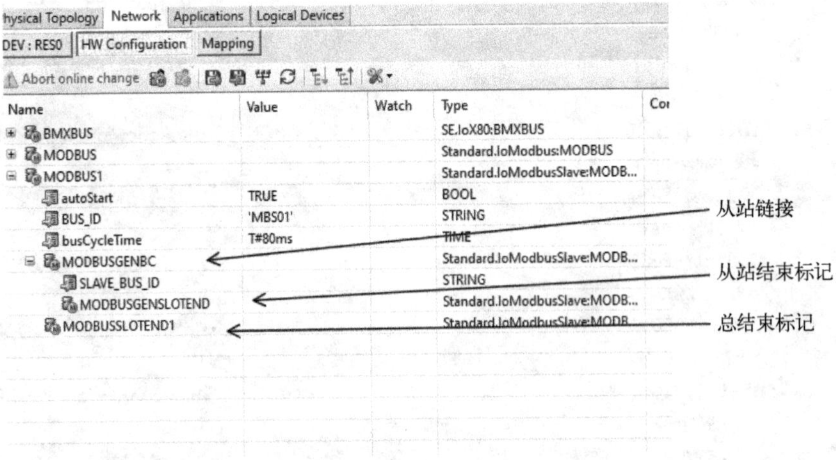

图 6-75　EAE Modbus TCP 从站配置示例

在 MODBUSGENBC 中变量分为两大类型：xxxxRxxxx 表示分配的区域可以被写（0xxxx 或 4xxxx），对应于 runtime 是读取的数据；xxxxWxxxx 表示分配的区域可以被读取（目前版本只支持 1xxxx，3xxxx），数据可供其他设备读取。添加完被读、被写的数据类型及数量之后，同样也需要再配置属性。

如图 6-77 所示，输出对象的配置包含地址设置以及 "ioevent" 选择，地址的偏移默认从 0 开始。"ioevent" 中有两个选项："cyclic" 和 "requestread"，"requestread" 表示单独写入处理。写入对象包括 0~9999，40000~49999 的 Modbus 地址区，支持被其他的设备（例如 SCADA）写入数据。

如图 6-78 所示，输出对象的配置多了 "datatype" 的属性，"output" 可以设置 3xxxx 地址段，"inout" 可以设置 4xxxx 地址段。通过上述的配置可以使用模拟量与外部设备数据进

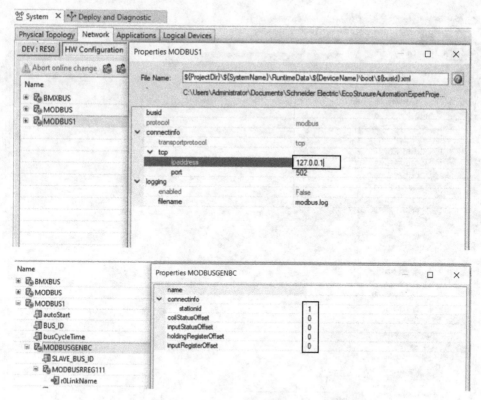

图 6-76　EAE Modbus TCP 从站 IP 地址配置示例

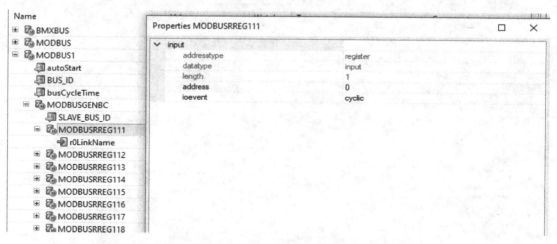

图 6-77　EAE Modbus TCP 从站属性配置示例

行交换。与应用程序的关联时，仍然需要通过"Symbolic Links"功能块实现。与 I/O 的配置方法相同，通过服务接口功能块 SYMLINKMULTIVARDST（Runtime 读取）与 SYMLINK-MULTIVARSRC（Runtime 写入）实现关联。当这些功能块分配到相应的设备后，打开该设备的硬件配置，界面右边的"Symbolic Links"中会列出定义的变量。如图 6-79 所示，将每个名称拖拽到对应的 Modbus 硬件配置的变量上，就可以完成 Modbus TCP 通信中外部设备数据到 Runtime 应用程序的关联。

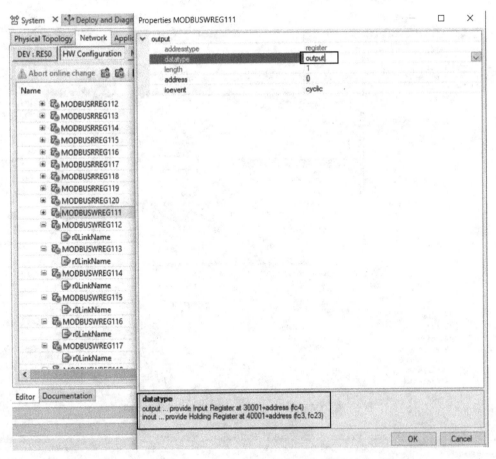

图 6-78　EAE Modbus TCP 输出对象配置示例

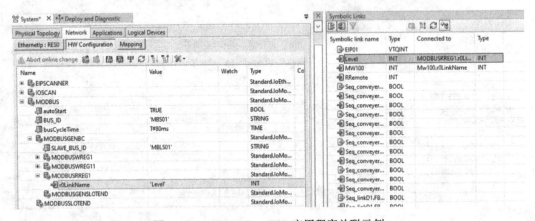

图 6-79　EAE Modbus TCP 应用程序关联示例

6.3.7　部署执行

当完成解决方案的开发后，可以将应用部署到设备中。首先，如图 6-80 所示，在 EAE 中通过工具栏的图标进入部署与诊断操作（Deploy and Diagnostic）页面。

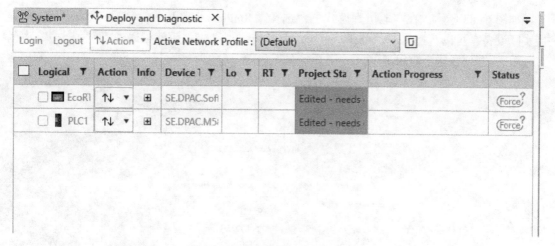

图 6-80　EAE 部署与诊断操作界面

在 EAE 中可以将应用部署到本地或真实硬件上，在 "Active Network Profile" 中设置为 "Default" 则实际部署到设备，选择 "Local Test" 则为本地模式。如图 6-81 所示，确定模式后，在 "Action" 下拉菜单中先选择编译 "Compile"。

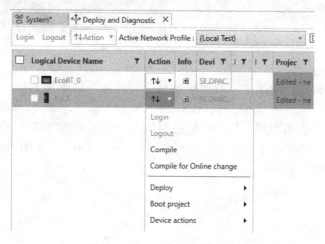

图 6-81　EAE 编译应用示例

如图 6-82 所示，编译完成后，设备名边上会出现对应的 IP 地址及端口，例如仿真模式下 IP 地址为 127.0.0.1。

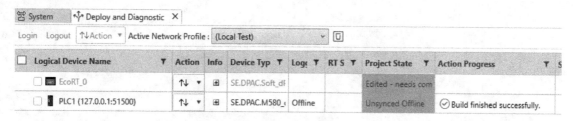

图 6-82　EAE 编译完成示例

如图 6-83 所示，在本地仿真模式下，选择"Runtime Simulation"即可开始运行。如连接实际设备，可以直接单击"Login"。如无编译错误，完成之后就可以选择"Action"中的"Deploy"来部署整个应用了。

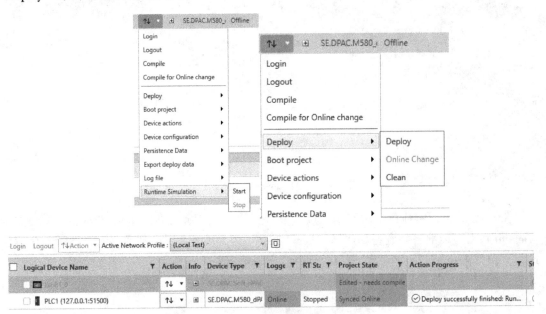

图 6-83　EAE 部署应用示例

部署完成后，如果设备处于运行或停止状态时，则可以配置 runtime 参数。如图 6-84所示，这些参数可以在"Action"的"Device Configuration"中部署，runtime 参数的部署之后需重新登录并部署应用程序。另外，通过在部署与诊断中选择多个逻辑设备，EAE 还可以实现批量的部署。除了应用程序，对于 EAE 中支持的 HMI，ARCHIVE 数据库等也可以通过这种方式进行部署。

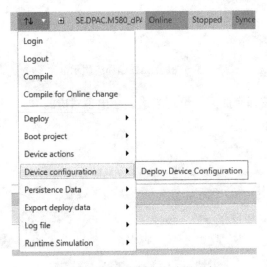

图 6-84　EAE 部署运行参数示例

6.4 海王星模块工匠 Function Block Builder

海王星模块工匠 Function Block Builder（FBB）是由上海乐异自动化科技有限公司自主开发的面向分布式工业控制系统与工业边缘计算的 IEC 61499 集成开发环境。FBB 是首款完全基于浏览器/服务器（B/S）架构的 IEC 61499 开发环境，支持 Windows、Linux、Mac OS 等多个操作系统。FBB 可以被部署到云端、电脑甚至是控制器上，其基于服务架构的设计使得用户无需安装任何软件，仅需打开浏览器即可编辑 IEC 61499 系统。同时该公司研发了基于微服务的 IEC 61499 运行环境 Function Block Service Runtime（FBSRT），实现了 Class 2 级别的动态重构，即在不停机的情况下可以实现任意创建、修改或者删除功能块类型。FBB/FBSRT 是目前唯一的自主可控的 IEC 61499 解决方案。下面将介绍一些 FBB 特色功能。

6.4.1 功能块库

如图 6-85 所示，FBB 提供了类似于 FBDK 的功能块库功能，可提供完整功能块管理功能，除了基础的增加、删除、修改、查询功能外，还可提供多样化的筛选、排序和视图功能，以及提供系统配置与功能块的导入、导出功能。其中筛选功能包含类型筛选和命名空间筛选。功能块库可以根据选择的类型或者命名空间对功能块进行分类显示，也可以根据时间或者名称进行升序或降序排列。

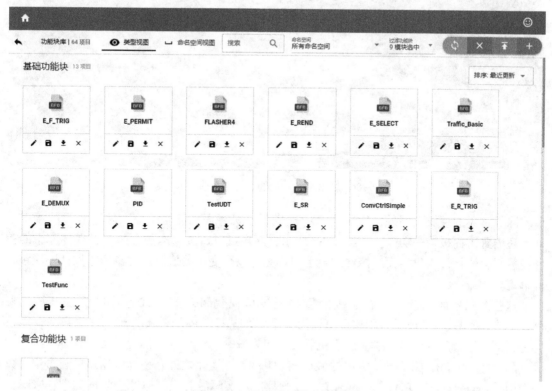

图 6-85　FBB IDE 功能块库示例

6.4.2　功能块设计

FBB 可以创建和编辑九种类型对象，包括简单功能块、基础功能块、服务接口功能块、人机界面功能块、复合功能块、系统配置、子应用程序、适配器和自定义数据类型。

对于基础功能块、服务接口功能块以及简单功能块，如图 6-86 所示，FBB 除了提供 IEC 61131-3 结构化文本以及梯形图语言支持外，还允许使用 C/C++、Python、Go 等高级计算机语言对逻辑算法进行编程。在同一个功能块内，用户可以选择不同的语言来编写不同的逻辑算法。

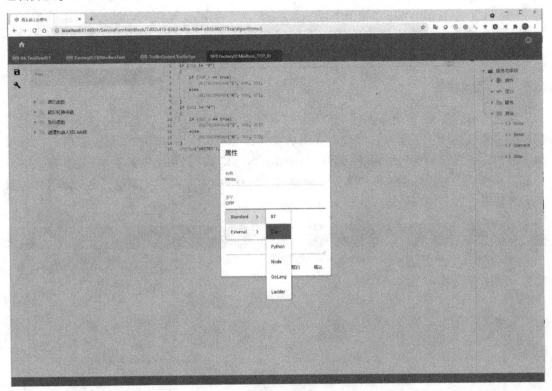

图 6-86　FBB IDE 功能块编程语言选择示例

除了常见的模块类型外，FBB 还专门提供了人机界面功能块类型，除了常规的接口之外，还内置了面板这一功能。如图 6-87 所示，用户可以通过组态的方式，将组件库中的控件随意组合来设计人机界面。控件的显示与动画可以跟变量的值绑定，按钮等控件还能跟事件绑定。

这些人机界面功能块能在系统配置中通过可视化组态的方式组合成任意显示屏幕（Screen）。如图 6-88 所示，用户还可以为每个屏幕选择不同的模板与想部署的设备，当系统进入部署阶段后，即可一键完成人机界面的下发部署。

除此之外，FBB 除了支持常规的 IEC 61131-3 数据类型之外，也提供用户创建自定义数据类型（User-Defined Data Types，UDT）。根据应用实际需要，创建复合数据类型，来减少功能块网络间的数据连接数量。如图 6-89 所示，当定义完成后，这个用户自定义数据类型可以被应用到任意功能块中的任意变量上。

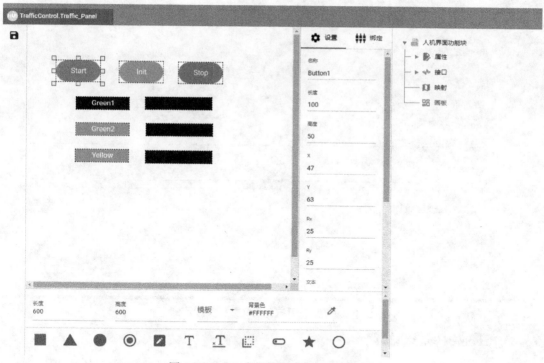

图 6-87 FBB 人机界面功能块编程示例

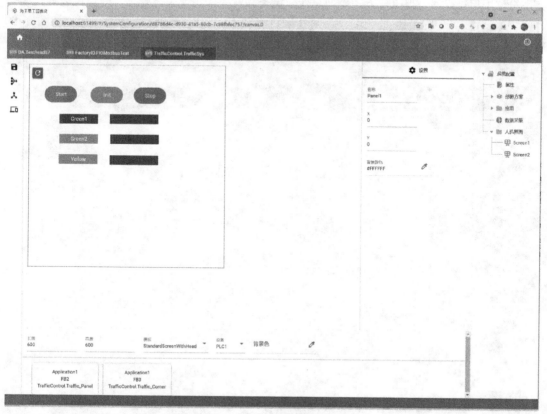

图 6-88 FBB 人机界面系统组态示例

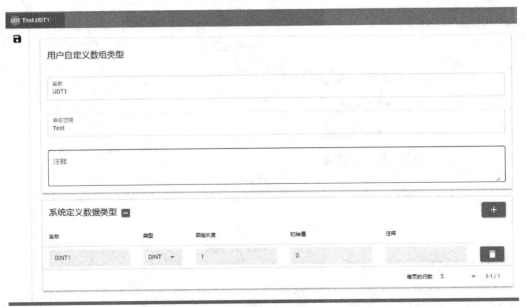

图 6-89　FBB 用户自定义数据类型示例

6.4.3　工业现场总线集成

FBB 集成了多种工业现场总线、PLC 通信协议以及常用的 IT 协议。在系统配置中的部署方案里，用户可以通过拖拉拽方式添加总线、设备和资源来实现快速组态。用户可以通过组态界面快速设置总线设备的地址、端口等属性来将多种不同的网络协议组合到一起。如图 6-90 所示，目前已支持 Modbus TCP、EtherCAT 等工业现场总线，可以与西门子、罗克韦尔自动

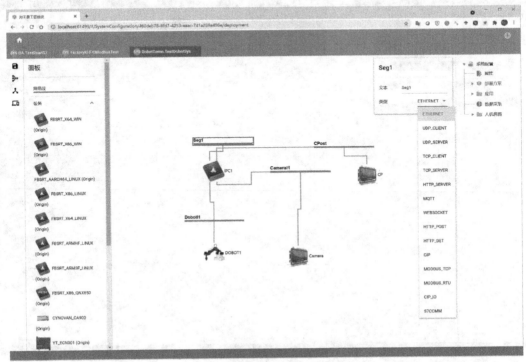

图 6-90　FBB 通信协议组态示例

化、欧姆龙等不同品牌的 PLC 进行数据交互，同时也支持 HTTP、TCP、UDP、WebSocket、MQTT 等 IT 通信协议。

6.4.4　部署执行

FBB 也支持一键编译与部署，将分布式应用程序自动下发到多个目标设备。如图 6-91 所示，通过在线部署功能，用户可以选择开始、暂停、停止、刷新和复位任意单一目标设备上的 IEC 61499 应用程序或者对所有设备进行统一管理。

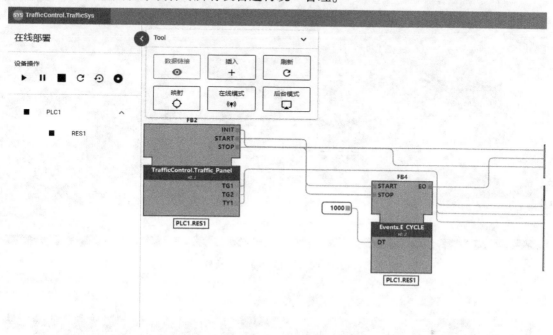

图 6-91　FBB 部署与执行管理示例

6.4.5　在线模式与动态重构

FBB 支持在线调试，可以在应用编辑界面上单击在线模式按钮切换。默认状态下所有变量并没有被订阅，用户可以按需订阅相关变量。如图 6-92 所示，在线模式除了常见的可以实时查看运行状态与变量数据外，还提供了 Class 2 级别的 IEC 61499 动态重构功能，即可以在运行状态下，通过 IEC 61499 管理指令对功能块类型进行动态调整，包括新建、删除、更改功能块类型定义而不影响系统正常运行。

6.4.6　数据采集管理

最后，FBB 也支持应用程序在运行过程中的实时数据采集，只需在系统配置中的数据采集选项中选择需要记录的变量，FBSRT 在运行过程中就会自动记录变量的变化并写入实时数据库中。如图 6-93 所示，用户可以按需调取记录的数据，或者可以使用 FBB 的回放模式来对所有数据按照事件触发顺序排序，该处提供了步进式调试方法。回放模式比在线模式更加适合基于事件触发的 IEC 61499 应用程序，所有的变量更改顺序可以被轻易还原，提供给用户更加方便的调试体验。

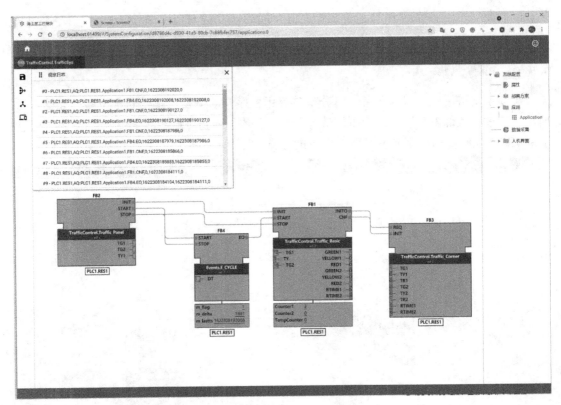

图 6-92　FBB 在线模式示例

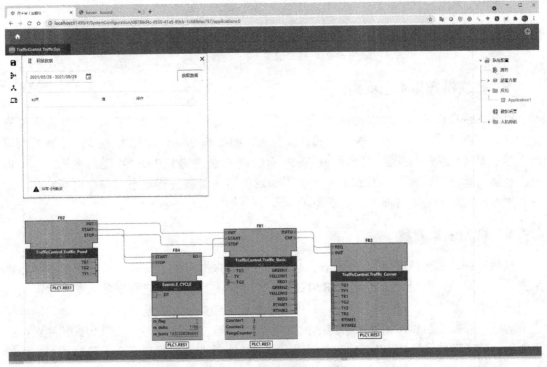

图 6-93　FBB 回放模式示例

附　　录

附录 A　IEC 61499 基础数据类型

IEC 61499 基础数据类型见表 A-1。

表 A-1　IEC 61499 基础数据类型

序号	关 键 字	数 据 类 型	默认初始值
1	BOOL	布尔	0
2	SINT	短整型	0
3	INT	整型	0
4	DINT	双整型	0
5	LINT	长整型	0
6	USINT	无符号短整型	0
7	UINT	无符号整型	0
8	UDINT	无符号双整型	0
9	ULINT	无符号长整型	0
10	REAL	实数	0.0
11	LREAL	长实数	0.0
12	TIME	持续时间	T#0S
13	DATE	日期（只有日期）	D#0001-01-01
14	TIME_OF_DAT 或 TOD	日时（只有日时）	#00:00:00
15	DATE_AND_TIME 或 DT	日期和日时	DT#0001-01-01-00:00:00
16	STRING	可变长度单字节字符串	"（空串）
17	BYTE	长度为 18 的位串	0
18	WORD	长度为 16 的位串	0
19	DWORD	长度为 32 的位串	0
20	LWORD	长度为 64 的位串	0
21	WSTRING	可变长度双字节字符串	" "（空串）

附录 B　术语的英文名称及具体定义

本部分收录书中所涉及的术语对应英文名称及具体定义见表 B-1。

表 B-1　术语的英文名称及具体定义

术　语	英文名称及具体定义
接收器	Acceptor 提供所定义适配器接口类型的插座适配器的功能块实例
适配器连接	Adapter Connection 从插头适配器到相同适配器接口类型的插座适配器的连接，该连接承载由适配器接口类型定义的数据流和事件流
适配器接口类型	Adapter Interface Type 由一组事件输入、事件输出、数据输入和数据输出的定义所组成的一种类型，它的实例是插头适配器和插座适配器
算法	Algorithm 按一定操作步数解决问题的一组明确规定的有限规则
应用	Application 能解决工业过程测量和控制中的问题的特定软件功能单元 注：一个应用可以分布在多个资源中，并可与其他应用通信
属性	Attribute 实体的特性或特征，例如功能块类型规范的版本标识
基本功能块类型	Basic Function Block Type 不能分解为其他功能块的功能块类型，使用执行控制图表来控制其算法的执行
双向事务	Bidirectional Transaction 请求和可能的数据从请求者传到响应者，以及响应和可能的数据从响应者传回到请求者的事务
交叉结算	Crossing Clearing 在执行控制转换操作中，通过将控制权从执行控制转换的前置执行控制状态传递到其后续执行控制状态的方式 注：此操作包括对前一个执行控制状态的反激活
通信连接	Communication Connection 为了传送信息，利用一个或多个资源的"通信映射功能"的连接
通信功能块	Communication Function Block 表示应用和资源"通信映射功能"之间的接口的服务接口功能块
通信功能块类型	Communication Function Block Type 其实例是通信功能块的功能块类型
组件功能块	Component Function Block 用于复合功能块类型的算法规范的功能块实例 注：组件功能块可以是基本、复合或者服务接口类型
组件子应用	Component Subapplication 用于子应用类型规范的子应用实例
复合功能块类型	Composite Function Block Type 算法和执行控制完全由相互连接的组件功能块、事件和变量来表示的一种功能块类型
并发	Concurrent 与在公用的时间周期内执行并且在此期间内可能交替共享公共资源的算法有关
配置（系统或设备）	Configuration (of a System or Device) 选择功能单元、指定它们的位置并且定义它们的互联

术　　语	英文名称及具体定义
配置参数	Configuration Parameter 与系统、设备和资源配置相关的参数
证实原语	Confirm Primitive 表示一种交互的服务原语，其资源指示先前由请求原语表示的交互所调用的算法已完成
连接	Connection 功能单元之间为传递信息建立起来的联系
临界区	Critical Region 在于执行操作的数据相关联的锁定对象的独占控制下执行的操作或操作序列
数据连接	Data Connection 用于数据传输的两个功能块之间的联系
设备	Device 能够在特定环境中执行一个和多个规定功能的独立物理实体，并由其接口分隔开
设备管理应用	Device Management Application 一种应用，基本功能是管理设备内多个资源
事件	Event 对调度算法的执行具有重要意义的即时事件，算法的执行可以使用与事件相关的变量
事件连接	Event Connection 用于功能块之间传递事件的连接
执行	Execution 完成算法规定操作序列的过程 注：被执行的操作序列随功能块实例调用的不同而不同，取决于功能块算法规定的规则和功能块数据结构中变量的当前值
执行控制动作	Execution Control Action（EC 动作） 与执行控制状态相关的元素，标识要执行的算法和该算法执行完成后要发出的事件
执行控制图表	Execution Control Chart（ECC） 使用执行控制状态，执行控制转换和执行控制操作，以图形或文本的形式表示功能块的事件输入和事件输出以及功能块算法的执行之间的因果关系
执行控制初始状态	Execution Control Initial State（EC 初始状态） 执行控制图表初始化时处于活动的执行控制状态
执行控制状态	Execution Control State（EC 状态） 基本功能块的行为状况，其变量由具有一组规定的执行控制活动的算法所确定
执行控制转变	Execution Control Transition（EC 转变） 从前一个执行控制状态传递到下一个执行控制状态的方法
功能块实例	Function Block Instance 由功能块类型规定的数据结构的一个独立的、已命名的副本和相关操作所组成的软件功能单元
功能块网络	Function Block Network 由功能块实例和子应用实例及它们间的数据连接和事件连接构成的网络
功能块类型	Function Block Type 功能块实例的类型

术　　语	英文名称及具体定义
指示原语	Indication Primitive 一种表示交互的服务原语，用于：①表示资源主动调用了某个算法；②表明对等应用已调用某个算法
接口	Interface 根据功能特征、信号特征或其他特性（视情况而定）来定义的两个功能单元之间的共享界面
内部变量	Internal Variable 值由功能块的一个或多个操作使用或修改，但不由数据输入提供也不提供给数据输出的一种变量
管理功能块	Management Function Block 基本功能是管理资源中的应用的功能块
管理资源	Management Resource 基本功能是管理其他资源的资源
映射	Mapping 已定义的特征或属性的集合，与另一集合的成员相对应
插头适配器	Plug Adapter 为来自提供者功能块的一个适配器连接提供起始点的适配器接口类型的实例
请求原语	Request Primitive 表示一种交互的服务原语，其应用指示它调用一个服务提供的某一个算法
请求器	Requester 通过请求原语启动事务的功能单元
资源	Resource 一种有独立的操作控制的功能单元，为应用提供多种服务，包括算法的调度和执行
资源管理应用	Resource Management Application 主要功能是管理单个资源的应用
应答器	Responder 通过响应原语结束一个事务的功能单元
响应原语	Response Primitive 表示一种交互的服务原语，其应用指示它已经完成了先前由一个指示原语表示的交互所调用的某些算法
调度功能	Scheduling Function 选择要执行的算法和操作并启动和终止其执行的功能
服务接口功能块	Service Interface Function Block 基于服务原语对功能块的事件输入、事件输出、数据输入和数据输出的映射，为应用提供一个或多个服务的功能块
服务原语	Service Primitive 应用和资源之间交互的抽象且与实现无关的表示
服务序列图	Service Sequence Diagram 表示服务原语序列的图
插座适配器	Socket Adapter 适配器接口类型的一种实例，作为终端用于接收来自适配器连接口的信息

术　　语	英文名称及具体定义
子应用实例	Subapplication Instance 子应用类型实例可以被用于应用或其他子应用类型 注：一个子应用实例可以分布于不同资源中，即该子应用实例所含的组件功能块或者子应用实例内容可以分配给不同的资源
子应用类型	Subapplication Type 一种由组件功能块或者组件子应用相互连接而成的功能单元
系统	System 由一组具有特定关系的元素所构成的整体 注1：这些元素可以是物质对象和概念以及它们的结果（例如组织形式、数学方法和编程语言） 注2：系统被认为是通过一个假想的界面将其与环境和其他外部系统分离，这个界面可以切断该系统和环境及其他外部系统的联系
临时变量	Temporary Variable 一种在算法主体外不可见的变量，其值可在算法执行过程中被初始化、使用和修改，但其值并不会从算法的一次执行持续保留到下一次执行

参 考 文 献

［1］ International Electrotechnical Commission. IEC 61499：2012 Function blocks-Part 1：Architecture ［S］. Geneva：International Electrotechnical Commission, 2012.

［2］ International Electrotechnical Commission. IEC 61131-3：2013 Programmable controllers-Part 3：Programming languages ［S］. Geneva：International Electrotechnical Commission, 2013.

［3］ International Society of Automation. ISA-95. 00. 01-2010 Enterprise-Control System Integration-Part 1：Models and Terminology ［S］. California：International Society of Automation, 2010.

［4］ ZOITL A, LEWIS R. Modelling Control Systems Using IEC 61499 ［M］. 2nd ed. London：Institution of Engineering and Technology, 2014：8.

［5］ FORBES H. 开放自动化之路 ［R/OL］. ［2021-02-01］. https://go. schneider-electric. cn/China_IAC_CN _202102_EAE-ARC-View-Whitepaper_MFLP. html.

［6］ CONWAY J. IEC 61499：释放工业 4. 0 时代的工业自动化可移植性标准 ［R/OL］. ［2020-10-15］. https://www. se. com/ww/en/download/document/998-21041914/.

［7］ ZOITL A. Real-Time Execution for IEC 61499 ［M］. 2nd ed. North Carolina：Instrumentation, Systems, and Automation Society, 2009.

［8］ VYATKIN V. IEC 61499 Function Blocks for Embedded and Distributed Control Systems Design ［M］. 3rd ed. North Carolina：International Society of Automation, 2015.

［9］ CHRISTENSEN J H. IEC 61499 Architecture, Engineering Methodologies and Software Tools：Knowledge and Technology Integration in Production and Services ［C］. Boston：Springer US, 2002：221-228.

［10］ EBEL F, PANY M, SCHWARZENBERGER D, et al. FESTO Distributing Station Manual ［M/CD］. Denkendorf：FESTO, 2006.

［11］ PANG C. Model-Driven Development of Distributed Automation Intelligence with IEC 61499 ［D］. Auckland：The University of Auckland, 2012.

［12］ PANG C. FBench - Open Source Function Block Engineering Tool ［CP/OL］. https://sourceforge. net/projects/oooneida-fbench/.

［13］ Holobloc Inc. The Function Block Development Kit ［CP/OL］. https://www. holobloc. com/.

［14］ 4DIAC Consortium. Framework for Distributed Industrial Automation (4DIAC) ［CP/OL］. https://www. eclipse. org/4diac/.